초등 수해력

도형·측정

다음 학년 수학이 쉬워지는

5 단계

| 초등 5학년 권장 |

정답과 풀이는 EBS 초등사이트(primary.ebs.co.kr)에서 다운로드 받으실 수 있습니다.

| 교 재 내 용 문 의 | 교재 내용 문의는 EBS 초등사이트 (primary.ebs.co.kr)의 교재 Q&A 서비스를 활용하시기 바랍니다. | 교 재 정 오 표 공 지 | 발행 이후 발견된 정오 사항을 EBS 초등사이트 정오표 코너에서 알려 드립니다. 강좌/교재 → 교재 로드맵 → 교재 선택 → 정오표 | 교 재 정 정 신 청 | 공지된 정오 내용 외에 발견된 정오 사항이 있다면 EBS 초등사이트를 통해 알려 주세요. 강좌/교재 → 교재 로드맵 → 교재 선택 → 교재 Q&A |

강화 단원으로 키우는
초등 수해력

수학 교육과정에서의 **중요도와 영향력**, 학생들이 특히 **어려워하는 내용**을 분석하여
다음 학년 수학이 더 쉬워지도록 선정하였습니다.

 향후 수학 학습에 **영향력이 큰 개념 요소**를 선정했습니다.
탄탄한 개념 이해가 가능하도록 꼭 집중하여 학습해 주세요.

 무엇보다 문제 풀이를 반복하는 것이 중요한 단원을 의미합니다.
충분한 반복 연습으로 계산 실수를 줄이도록 학습해 주세요.

 실생활 활용 문제가 자주 나오는, **응용 실력**을 길러야 하는 단원입니다.
다양한 유형으로 **문제 해결 능력**을 길러 보세요.

수·연산과 도형·측정을 함께 학습하면 학습 효과 상승!

수·연산

수의 특성과 연산을 학습하는 영역으로 자연수, 분수, 소수 등
수의 체계 확장에 따라 수와 사칙 연산을 익히며
수학의 기본기와 응용력을 다져야 합니다.

수와 연산은 학년마다 개념이 점진적으로 확장되므로
개념 연결 구조를 이용하여 사고를 확장하며 나아가는 나선형 학습이 필요합니다.

도형·측정

여러 범주의 도형이 갖는 성질을 탐구하고, 양을 비교하거나 단위를 이용하여
수치화하는 학습 영역입니다.
논리적인 사고력과 현상을 해석하는 능력을 길러야 합니다.

도형과 측정은 여러 학년에서 조금씩 배워 휘발성이 강하므로 도출되는 원리
이해를 추구하고, 충분한 연습으로 익숙해지는 과정이 필요합니다.

초등 수해력

도형·측정

다음 학년 수학이 쉬워지는

5 단계

| 초등 5학년 권장 |

수학은 왜 어렵게 느껴질까요?

가장 큰 이유는 수학 학습의 특성 때문입니다.

수학은 내용들이 유기적으로 연결되어 학습이 누적된다는 특징을 갖고 있습니다.

내용 간의 위계가 확실하고 학년마다 개념이 점진적으로 확장되어 나선형 구조라고도 합니다.

이 때문에 작은 부분에서도 이해를 제대로 하지 못하고 넘어가면,

작은 구멍들이 모여 커다란 학습 공백을 만들게 됩니다.

이로 인해 수학에 대한 흥미와 자신감까지 잃을 수 있습니다.

수학 실력은 한 번에 길러지는 것이 아니라 꾸준한 학습을 통해 향상됩니다.

하지만 단순히 문제를 반복적으로 풀기만 한다면 사고의 폭이 제한될 수 있습니다.

따라서 올바른 방법으로 수학을 학습하는 것이 중요합니다.

EBS 초등 수해력 교재를 통해 학습 효과를 극대화할 수 있는 올바른 수학 학습을 안내하겠습니다.

1 걸려 넘어지기 쉬운 **내용 요소를 알고 대비해야 합니다.**

학습은 효율이 중요합니다. 무턱대고 시작하면 힘만 들 뿐 실력은 크게 늘지 않습니다.

쉬운 내용은 간결하게 넘기고, 중요한 부분은 강화 단원의 안내에 따라 집중 학습하세요.

*학교 선생님들이 모여 학생들이 자주 걸려 넘어지는 내용을 선별하고, 개념 강화/연습 강화/응용 강화 단원으로 구성했습니다.

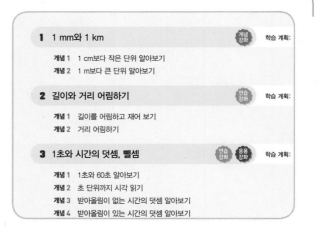

2 새로운 개념은 이미 아는 것과 연결하여 익혀야 합니다.

학년이 올라갈수록 수학의 개념은 점차 확장되고 깊어집니다. 아는 것과 모르는 것을 비교하여 학습하면 새로운 것이 더 쉬워지고, 개념의 핵심 원리를 이해할 수 있습니다.

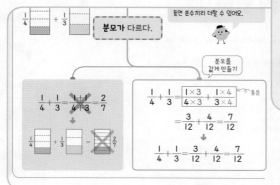

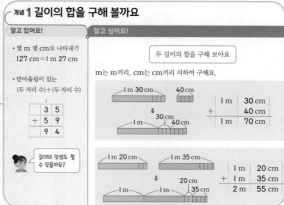

특히, 오개념을 형성하기 쉬운 개념은 잘못된 풀이와 올바른 풀이를 비교하며 확실하게 이해하고 넘어가세요.

3 문제 적응력을 길러 기억에 오래 남도록 학습해야 합니다.

단계별 문제를 통해 기초부터 응용까지 체계적으로 학습하며 문제 해결 능력까지 함께 키울 수 있습니다.

넘어지지 않는 것보다 중요한 것은, 넘어졌을 때 포기하지 않고 다시 나아가는 힘입니다.
EBS 초등 수해력과 함께 꾸준한 학습으로 수학의 기초 체력을 튼튼하게 길러 보세요.
어느 순간 수학이 쉬워지는 경험을 할 수 있을 거예요.

이 책의 구성과 특징

이번 단원에서 배울 내용을 만화를
통해 확인할 수 있습니다.

단원에서 등장하는 주요 수학
어휘를 살펴볼 수 있습니다.

중단원별로 강화된 부분을
확인할 수 있습니다.

단원 열기

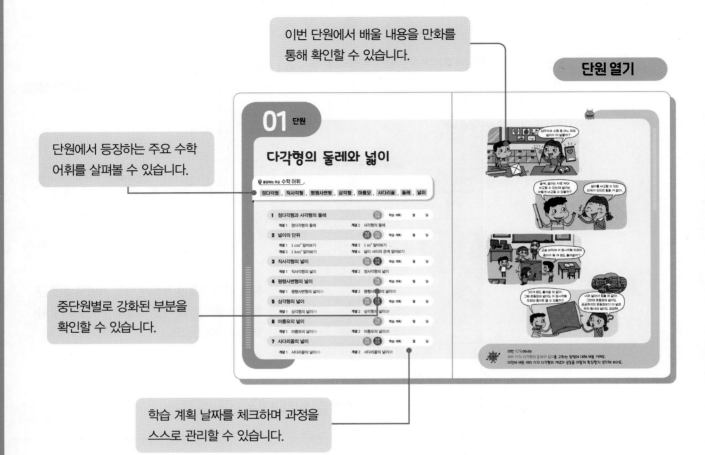

학습 계획 날짜를 체크하며 과정을
스스로 관리할 수 있습니다.

개념 학습

이전에 배운 내용과 새로 배울
내용을 한눈에 보면서 개념을
확장할 수 있습니다.

개념의 구조와 핵심 내용
을 시각적으로 파악할 수
있습니다.

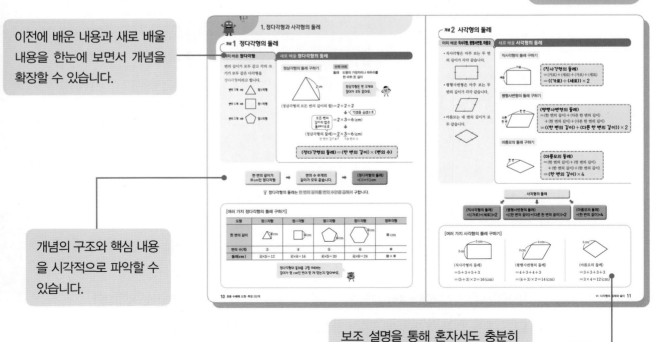

보조 설명을 통해 혼자서도 충분히
이해하며 학습할 수 있습니다.

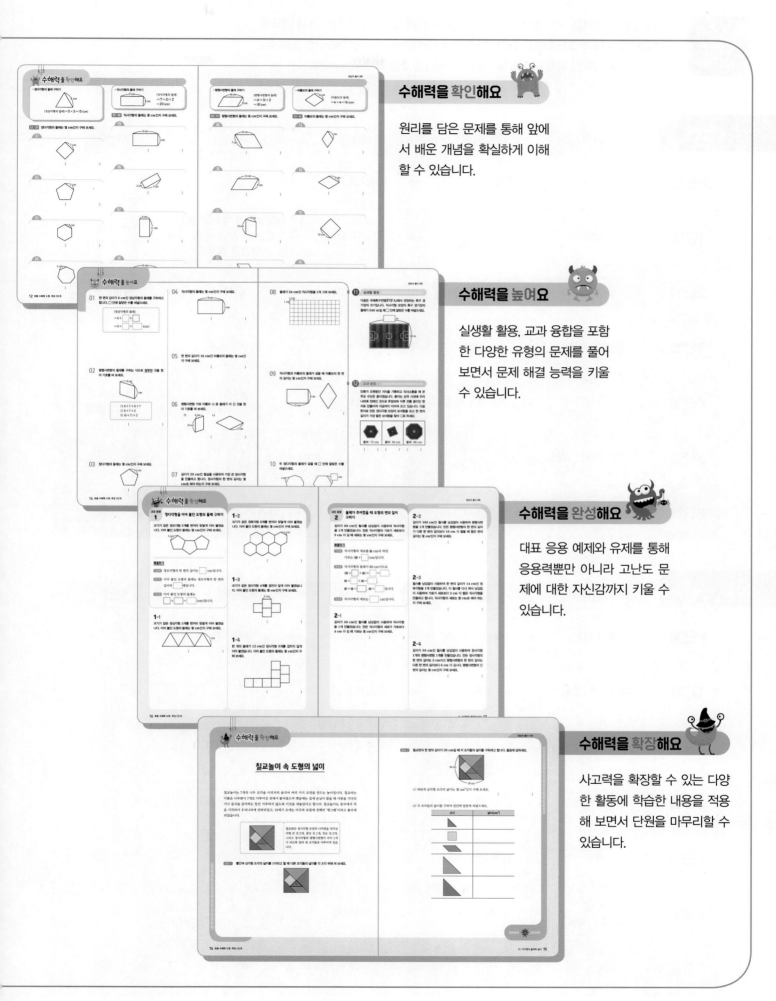

수해력을 확인해요

원리를 담은 문제를 통해 앞에서 배운 개념을 확실하게 이해할 수 있습니다.

수해력을 높여요

실생활 활용, 교과 융합을 포함한 다양한 유형의 문제를 풀어 보면서 문제 해결 능력을 키울 수 있습니다.

수해력을 완성해요

대표 응용 예제와 유제를 통해 응용력뿐만 아니라 고난도 문제에 대한 자신감까지 키울 수 있습니다.

수해력을 확장해요

사고력을 확장할 수 있는 다양한 활동에 학습한 내용을 적용해 보면서 단원을 마무리할 수 있습니다.

EBS 초등 수해력은 '수·연산', '도형·측정'의 두 갈래의 영역으로 나누어져 있으며, 각 영역별로 예비 초등학생을 위한 P단계부터 6단계까지 총 7단계로 구성했습니다. 총 14권의 체계적인 교재 구성으로 꾸준하게 학습을 진행할 수 있습니다.

수·연산

	1단원	2단원	3단원	4단원	5단원
P단계	수 알기 →	모으기와 가르기 →	더하기와 빼기		
1단계	9까지의 수 →	한 자리 수의 덧셈과 뺄셈 →	100까지의 수 →	받아올림과 받아내림이 없는 두 자리 수의 덧셈과 뺄셈 →	세 수의 덧셈과 뺄셈
2단계	세 자리 수 →	네 자리 수 →	덧셈과 뺄셈 →	곱셈 →	곱셈구구
3단계	덧셈과 뺄셈 →	곱셈 →	나눗셈 →	분수와 소수	
4단계	큰 수 →	곱셈과 나눗셈 →	규칙과 관계 →	분수의 덧셈과 뺄셈 →	소수의 덧셈과 뺄셈
5단계	자연수의 혼합 계산 →	약수와 배수, 약분과 통분 →	분수의 덧셈과 뺄셈 →	수의 범위와 어림하기, 평균 →	분수와 소수의 곱셈
6단계	분수의 나눗셈 →	소수의 나눗셈 →	비와 비율 →	비례식과 비례배분	

도형·측정

	1단원	2단원	3단원	4단원	5단원
P단계	위치 알기 →	여러 가지 모양 →	비교하기 →	분류하기	
1단계	여러 가지 모양 →	비교하기 →	시계 보기		
2단계	여러 가지 도형 →	길이 재기 →	분류하기 →	시각과 시간	
3단계	평면도형 →	길이와 시간 →	원 →	들이와 무게	
4단계	각도 →	평면도형의 이동 →	삼각형 →	사각형 →	다각형
5단계	다각형의 둘레와 넓이 →	합동과 대칭 →	직육면체		
6단계	각기둥과 각뿔 →	직육면체의 부피와 겉넓이 →	공간과 입체 →	원의 넓이 →	원기둥, 원뿔, 구

이 책의 차례 ||||||||||||||||||||||||||||||||||||||||||||||||||||||||||||||||

01 · 다각형의 둘레와 넓이

1. 정다각형과 사각형의 둘레   10
2. 넓이의 단위   18
3. 직사각형의 넓이   28
4. 평행사변형의 넓이   38
5. 삼각형의 넓이   46
6. 마름모의 넓이   56
7. 사다리꼴의 넓이   64

02 · 합동과 대칭

1. 도형의 합동, 합동인 도형의 성질   78
2. 선대칭도형과 그 성질   88
3. 점대칭도형과 그 성질   98

03 · 직육면체

1. 직육면체와 정육면체   112
2. 직육면체의 성질과 겨냥도   120
3. 정육면체의 전개도   128
4. 직육면체의 전개도   138

01 단원

다각형의 둘레와 넓이

❓ 등장하는 주요 수학 어휘

정다각형 , 직사각형 , 평행사변형 , 삼각형 , 마름모 , 사다리꼴 , 둘레 , 넓이

1 정다각형과 사각형의 둘레   연습 강화   학습 계획: 월   일

개념 1   정다각형의 둘레   개념 2   사각형의 둘레

2 넓이의 단위   개념 강화   연습 강화   학습 계획: 월   일

개념 1 $1\,cm^2$ 알아보기   개념 2 $1\,m^2$ 알아보기

개념 3 $1\,km^2$ 알아보기   개념 4   넓이 사이의 관계 알아보기

3 직사각형의 넓이   연습 강화   응용 강화   학습 계획: 월   일

개념 1   직사각형의 넓이   개념 2   정사각형의 넓이

4 평행사변형의 넓이   연습 강화   학습 계획: 월   일

개념 1   평행사변형의 넓이(1)   개념 2   평행사변형의 넓이(2)

5 삼각형의 넓이   연습 강화   응용 강화   학습 계획: 월   일

개념 1   삼각형의 넓이(1)   개념 2   삼각형의 넓이(2)

6 마름모의 넓이   연습 강화   학습 계획: 월   일

개념 1   마름모의 넓이(1)   개념 2   마름모의 넓이(2)

7 사다리꼴의 넓이   연습 강화   응용 강화   학습 계획: 월   일

개념 1   사다리꼴의 넓이(1)   개념 2   사다리꼴의 넓이(2)

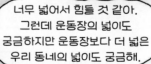

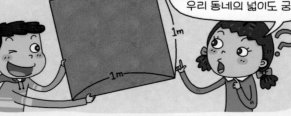

이번 1단원에서는
여러 가지 다각형의 둘레와 넓이를 구하는 방법에 대해 배울 거예요.
이전에 배운 여러 가지 다각형의 개념과 성질을 어떻게 확장할지 생각해 보아요.

1. 정다각형과 사각형의 둘레

개념 1 정다각형의 둘레

이미 배운 정다각형

변의 길이가 모두 같고 각의 크기가 모두 같은 다각형을 정다각형이라고 합니다.

변이 3개 ➡ 정삼각형

변이 4개 ➡ 정사각형

변이 5개 ➡ 정오각형

새로 배울 정다각형의 둘레

정삼각형의 둘레 구하기

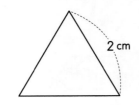
2 cm

수학 어휘

둘레 도형의 가장자리나 테두리를 한 바퀴 돈 길이

정삼각형은 변 3개의 길이가 모두 같아요.

(정삼각형의 모든 변의 길이의 합)＝2＋2＋2

⬇ 덧셈을 곱셈으로

모든 변의 길이의 합은 둘레이므로 ＝2×3＝6 (cm)

⬇

(정삼각형의 둘레)＝2×3＝6 (cm)
　　　　　　　　한 변의 길이 ⤴　　⤴ 변의 수

(정다각형의 둘레)＝(한 변의 길이)×(변의 수)

한 변의 길이가 ■ cm인 정다각형 ➡ 변의 수 ●개의 길이가 모두 같습니다. ➡ (정다각형의 둘레) ＝(■×●) cm

💡 정다각형의 둘레는 한 변의 길이를 변의 수만큼 곱해서 구합니다.

[여러 가지 정다각형의 둘레 구하기]

도형	정삼각형	정사각형	정오각형	정육각형	정●각형
한 변의 길이	4 cm	4 cm	4 cm	4 cm	■ cm
변의 수(개)	3	4	5	6	●
둘레(cm)	4×3＝12	4×4＝16	4×5＝20	4×6＝24	■×●

정다각형의 둘레를 구할 때에는 길이가 몇 cm인 변이 몇 개 있는지 알아봐요.

이미 배운 **직사각형, 평행사변형, 마름모**

- 직사각형은 마주 보는 두 변의 길이가 각각 같습니다.

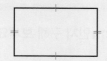

- 평행사변형은 마주 보는 두 변의 길이가 각각 같습니다.

- 마름모는 네 변의 길이가 모두 같습니다.

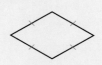

새로 배울 **사각형의 둘레**

직사각형의 둘레 구하기

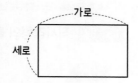

(직사각형의 둘레)
=(가로)+(세로)+(가로)+(세로)
=**((가로)+(세로))×2**

평행사변형의 둘레 구하기

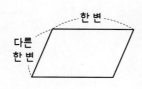

(평행사변형의 둘레)
=(한 변의 길이)+(다른 한 변의 길이)
　+(한 변의 길이)+(다른 한 변의 길이)
=**((한 변의 길이)+(다른 한 변의 길이))×2**

마름모의 둘레 구하기

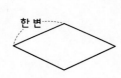

(마름모의 둘레)
=(한 변의 길이)+(한 변의 길이)
　+(한 변의 길이)+(한 변의 길이)
=**(한 변의 길이)×4**

사각형의 둘레

| (직사각형의 둘레) =((가로)+(세로))×2 | (평행사변형의 둘레) =((한 변의 길이)+(다른 한 변의 길이))×2 | (마름모의 둘레) =(한 변의 길이)×4 |

[여러 가지 사각형의 둘레 구하기]

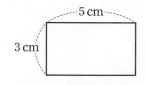

(직사각형의 둘레)
=5+3+5+3
=(5+3)×2=16(cm)

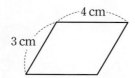

(평행사변형의 둘레)
=4+3+4+3
=(4+3)×2=14(cm)

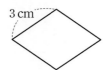

(마름모의 둘레)
=3+3+3+3
=3×4=12(cm)

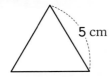

수해력을 확인해요

• 정다각형의 둘레 구하기

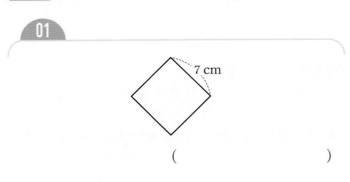

5 cm

(정삼각형의 둘레)=5×3=15 (cm)

• 직사각형의 둘레 구하기

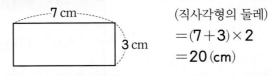

7 cm

3 cm

(직사각형의 둘레)
=(7+3)×2
=20 (cm)

01~04 정다각형의 둘레는 몇 cm인지 구해 보세요.

05~08 직사각형의 둘레는 몇 cm인지 구해 보세요.

01

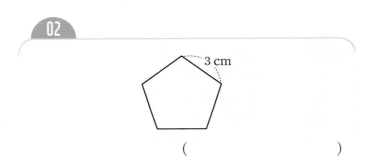

7 cm

( )

05

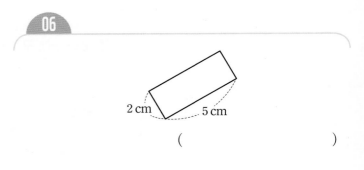

8 cm

4 cm

( )

02

3 cm

( )

06

2 cm   5 cm

( )

03

8 cm

( )

07

6 cm

11 cm

( )

04

4 cm

( )

08

14 cm

9 cm

( )

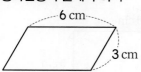
• 평행사변형의 둘레 구하기

(평행사변형의 둘레)
$= (6+3) \times 2$
$= 18 \, (\text{cm})$

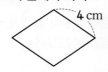
• 마름모의 둘레 구하기

(마름모의 둘레)
$= 4 \times 4 = 16 \, (\text{cm})$

09~12 평행사변형의 둘레는 몇 cm인지 구해 보세요.

13~16 마름모의 둘레는 몇 cm인지 구해 보세요.

09

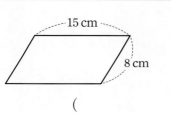

(   )

13

(   )

10

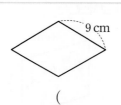

(   )

14

(   )

11

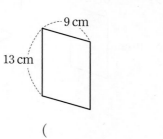

(   )

15

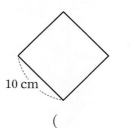

(   )

12

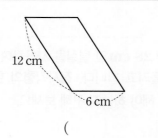

(   )

16

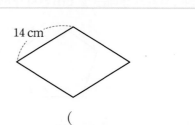

(   )

01 한 변의 길이가 **6 cm**인 정삼각형의 둘레를 구하려고 합니다. □ 안에 알맞은 수를 써넣으세요.

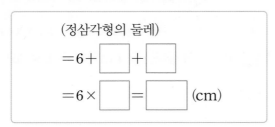

(정삼각형의 둘레)

$= 6 + \boxed{} + \boxed{}$

$= 6 \times \boxed{} = \boxed{}$ (cm)

02 평행사변형의 둘레를 구하는 식으로 잘못된 것을 찾아 기호를 써 보세요.

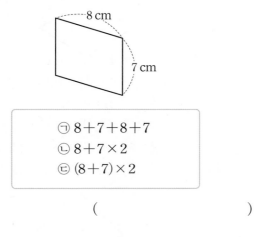

㉠ $8 + 7 + 8 + 7$
㉡ $8 + 7 \times 2$
㉢ $(8 + 7) \times 2$

( )

03 정다각형의 둘레는 몇 **cm**인지 구해 보세요.

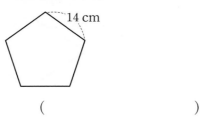

( )

04 직사각형의 둘레는 몇 **cm**인지 구해 보세요.

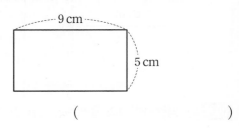

( )

05 한 변의 길이가 **16 cm**인 마름모의 둘레는 몇 **cm**인지 구해 보세요.

( )

06 평행사변형 가와 마름모 나 중 둘레가 더 긴 것을 찾아 기호를 써 보세요.

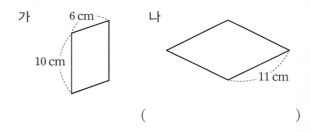

( )

07 길이가 **28 cm**인 털실을 사용하여 가장 큰 정사각형을 만들려고 합니다. 정사각형의 한 변의 길이는 몇 **cm**로 해야 하는지 구해 보세요.

( )

08 둘레가 24 cm인 직사각형을 1개 그려 보세요.

09 직사각형과 마름모의 둘레가 같을 때 마름모의 한 변의 길이는 몇 cm인지 구해 보세요.

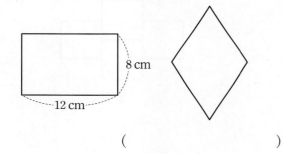

( )

10 두 정다각형의 둘레가 같을 때 □ 안에 알맞은 수를 써넣으세요.

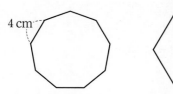 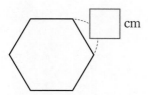

11 실생활 활용 |||||||||||||||||||||||||||||||||

다음은 국제축구연맹(FIFA)에서 권장하는 축구 경기장의 크기입니다. 직사각형 모양의 축구 경기장의 둘레가 346 m일 때 □ 안에 알맞은 수를 써넣으세요.

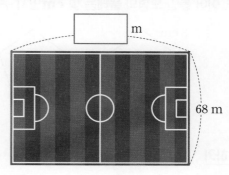

12 교과 융합 |||||||||||||||||||||||||||||||||

인류가 오랫동안 지식을 기록하고 의사소통을 해 온 주요 수단은 종이였습니다. 종이는 삼국 시대에 우리나라에 전해진 것으로 추정되며 이후 전통 종이인 한지로 만들어져 지금까지 이어져 오고 있습니다. 다음 한지로 만든 정다각형 모양의 보석함을 보고 한 변의 길이가 가장 짧은 보석함을 찾아 ○표 하세요.

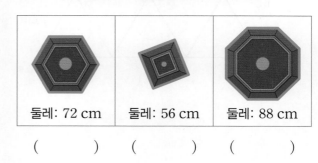

| 둘레: 72 cm | 둘레: 56 cm | 둘레: 88 cm |

( ) ( ) ( )

대표 응용 1

정다각형을 이어 붙인 도형의 둘레 구하기

크기가 같은 정오각형 3개를 변끼리 맞닿게 이어 붙였습니다. 이어 붙인 도형의 둘레는 몇 **cm**인지 구해 보세요.

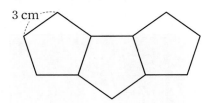

3 cm

해결하기

1단계 정오각형의 한 변의 길이는 □ cm입니다.

2단계 이어 붙인 도형의 둘레는 정오각형의 한 변의 길이의 □ 배입니다.

3단계 이어 붙인 도형의 둘레는

□ × □ = □ (cm)입니다.

1-1

크기가 같은 정삼각형 5개를 변끼리 맞닿게 이어 붙였습니다. 이어 붙인 도형의 둘레는 몇 **cm**인지 구해 보세요.

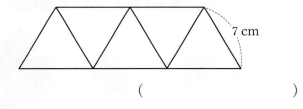

7 cm

( )

1-2

크기가 같은 정육각형 6개를 변끼리 맞닿게 이어 붙였습니다. 이어 붙인 도형의 둘레는 몇 **cm**인지 구해 보세요.

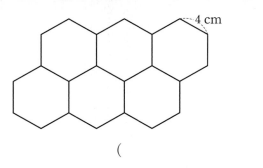

4 cm

( )

1-3

크기가 같은 정사각형 4개를 겹치지 않게 이어 붙였습니다. 이어 붙인 도형의 둘레는 몇 **cm**인지 구해 보세요.

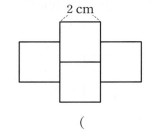

2 cm

( )

1-4

한 개의 둘레가 12 cm인 정사각형 8개를 겹치지 않게 이어 붙였습니다. 이어 붙인 도형의 둘레는 몇 **cm**인지 구해 보세요.

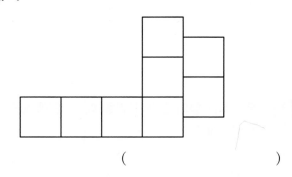

( )

대표 응용 2 둘레가 주어졌을 때 도형의 변의 길이 구하기

길이가 60 cm인 철사를 남김없이 사용하여 직사각형을 1개 만들었습니다. 만든 직사각형의 가로가 세로보다 8 cm 더 길 때 세로는 몇 cm인지 구해 보세요.

해결하기

1단계 직사각형의 세로를 ■ cm라 하면

가로는 (■+□)cm입니다.

2단계 직사각형의 둘레가 60 cm이므로

(■+□+■)×□=□,

■+□+■=□,

■+■=□, ■=□입니다.

3단계 직사각형의 세로는 □ cm입니다.

2-1

길이가 56 cm인 철사를 남김없이 사용하여 직사각형을 1개 만들었습니다. 만든 직사각형의 세로가 가로보다 4 cm 더 길 때 가로는 몇 cm인지 구해 보세요.

( )

2-2

길이가 108 cm인 철사를 남김없이 사용하여 평행사변형을 1개 만들었습니다. 만든 평행사변형의 한 변의 길이가 다른 한 변의 길이보다 16 cm 더 짧을 때 짧은 변의 길이는 몇 cm인지 구해 보세요.

( )

2-3

철사를 남김없이 사용하여 한 변의 길이가 14 cm인 정육각형을 1개 만들었습니다. 이 철사를 다시 펴서 남김없이 사용하여 가로가 세로보다 2 cm 더 짧은 직사각형을 만들려고 합니다. 직사각형의 세로는 몇 cm로 해야 하는지 구해 보세요.

( )

2-4

길이가 88 cm인 철사를 남김없이 사용하여 정사각형 1개와 평행사변형 1개를 만들었습니다. 만든 정사각형의 한 변의 길이는 5 cm이고 평행사변형의 한 변의 길이는 다른 한 변의 길이보다 6 cm 더 깁니다. 평행사변형의 긴 변의 길이는 몇 cm인지 구해 보세요.

( )

2. 넓이의 단위

개념 **1** Ｉcm² 알아보기

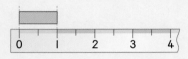의 길이를 Ｉcm라 쓰고
Ｉ센티미터라고 읽습니다.

새로 배울 1 cm²

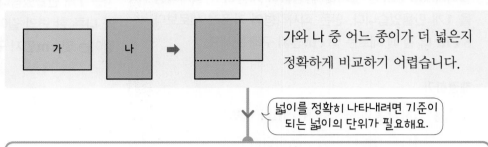

가와 나 중 어느 종이가 더 넓은지 정확하게 비교하기 어렵습니다.

> 넓이를 정확히 나타내려면 기준이 되는 넓이의 단위가 필요해요.

한 변의 길이가 Ｉcm인 정사각형의 넓이를 Ｉcm²라 쓰고 Ｉ제곱센티미터라고 읽습니다.

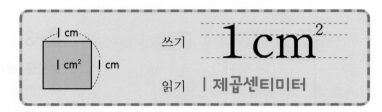

쓰기 $1\,\text{cm}^2$

읽기   Ｉ제곱센티미터

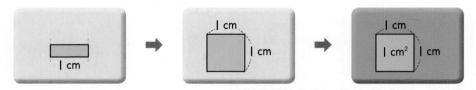

💡 Ｉcm²는 한 변의 길이가 Ｉcm인 정사각형의 넓이입니다.

[도형의 넓이 구하기]

1cm²의 수를 세어 도형의 넓이를 구할 수 있습니다.

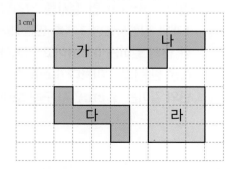

가	나	다	라
1cm²가 6개	1cm²가 5개	1cm²가 6개	1cm²가 9개
6 cm²	5 cm²	6 cm²	9 cm²

> 가장 넓은 도형은 라, 가장 좁은 도형은 나 예요.

개념 2 | m² 알아보기

이미 배운 1 m

100 cm를 | m라 쓰고 | 미터라고 읽습니다.

$$100 \text{ cm} = 1 \text{ m}$$

새로 배울 1 m²

• 한 변의 길이가 | m인 정사각형의 넓이를 | m²라 쓰고 | 제곱미터라고 읽습니다.

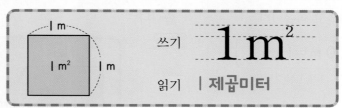

• | cm²와 | m²의 관계

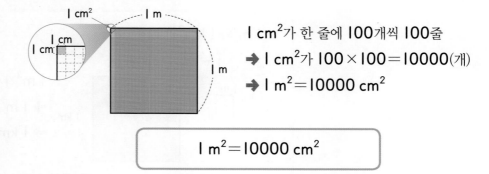

| cm²가 한 줄에 100개씩 100줄
➡ | cm²가 $100 \times 100 = 10000$(개)
➡ $1 \text{ m}^2 = 10000 \text{ cm}^2$

$$1 \text{ m}^2 = 10000 \text{ cm}^2$$

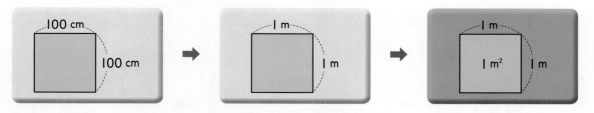

💡 | m²는 한 변의 길이가 | m인 정사각형의 넓이입니다.

[교실의 넓이 구하기]

한 변의 길이가 1 m인 정사각형 모양의 종이를 이용하여 교실의 넓이를 구할 수 있습니다.

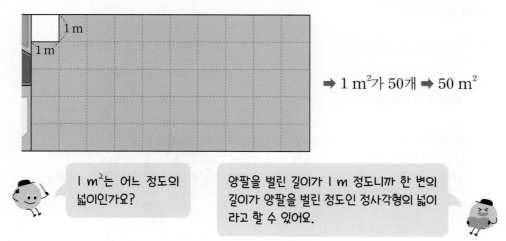

➡ 1 m^2가 50개 ➡ 50 m^2

| m²는 어느 정도의 넓이인가요?

양팔을 벌린 길이가 | m 정도니까 한 변의 길이가 양팔을 벌린 정도인 정사각형의 넓이라고 할 수 있어요.

개념 3 | 1 km² 알아보기

이미 배운 1 km

1000 m를 1 km라 쓰고 1 킬로미터라고 읽습니다.

$$1000\ m = 1\ km$$

새로 배울 1 km²

• 한 변의 길이가 1 km인 정사각형의 넓이를 1 km²라 쓰고 1 제곱킬로미터라고 읽습니다.

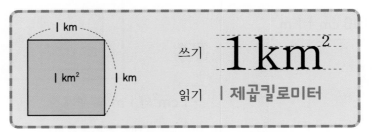

쓰기 $1\ km^2$

읽기 1 제곱킬로미터

• 1 m²와 1 km²의 관계

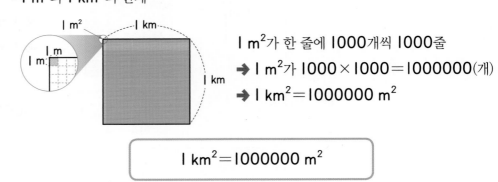

1 m²가 한 줄에 1000개씩 1000줄

➡ 1 m²가 1000 × 1000 = 1000000(개)

➡ 1 km² = 1000000 m²

$$1\ km^2 = 1000000\ m^2$$

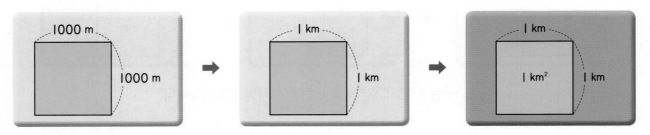

💡 1 km²는 한 변의 길이가 1 km인 정사각형의 넓이입니다.

[알맞은 넓이의 단위 알아보기]

cm²로 나타내는 경우	지우개, 수첩, 공책, 필통, 교과서 등
m²로 나타내는 경우	방, 거실, 복도, 교실, 수영장 등
km²로 나타내는 경우	도시, 섬, 나라 등

넓이를 km²로 나타내면 어떤 점이 좋나요?

서울시의 넓이는 약 605000000 m²예요. 수가 커서 한번에 읽기 어렵죠? 이럴 때 km² 단위를 사용하여 약 605 km²로 나타내면 쉽게 읽을 수 있어요.

개념 4 넓이 사이의 관계 알아보기

이미 배운 1 cm², 1 m², 1 km²

- 1 cm²(1 제곱센티미터):
  한 변의 길이가 1 cm인 정사
  각형의 넓이

- 1 m²(1 제곱미터):
  한 변의 길이가 1 m인 정사
  각형의 넓이

- 1 km²(1 제곱킬로미터):
  한 변의 길이가 1 km인 정사
  각형의 넓이

새로 배울 넓이 사이의 관계

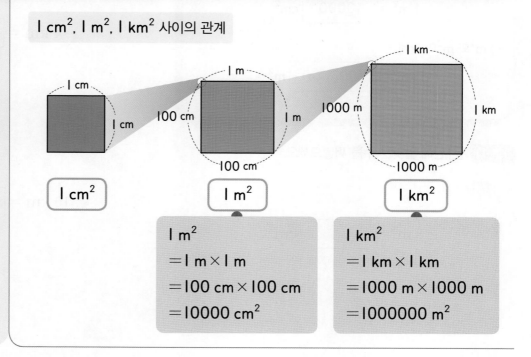

$$1 m^2 = 1 m \times 1 m = 100 cm \times 100 cm = 10000 cm^2$$

$$1 km^2 = 1 km \times 1 km = 1000 m \times 1000 m = 1000000 m^2$$

💡 1 m²는 1 cm²의 10000배이고 1 km²는 1 m²의 1000000배입니다.

[길이의 단위와 넓이의 단위 크기 비교하기]

- 길이의 단위 크기 비교: $1 cm < 1 m < 1 km$
- 넓이의 단위 크기 비교: $1 cm^2 < 1 m^2 < 1 km^2$

[길이의 단위와 넓이의 단위 사이의 관계 알아보기]

- 길이의 단위 사이의 관계

$$1 \text{ km} = \underbrace{1000}_{\text{0이 3개}} \text{ m} = \underbrace{100000}_{\text{0이 5개}} \text{ cm}$$

- 넓이의 단위 사이의 관계

$$1 \text{ km}^2 = \underbrace{1000000}_{\text{0이 6개}} \text{ m}^2$$

$$1 \text{ m}^2 = \underbrace{10000}_{\text{0이 4개}} \text{ cm}^2$$

0의 개수에 주의하여 단위
사이의 관계를 알아봐요.

- m²와 cm²의 관계

$$1 \text{ m}^2 = \boxed{10000} \text{ cm}^2$$

- km²와 m²의 관계

$$1 \text{ km}^2 = \boxed{1000000} \text{ m}^2$$

01~11 □ 안에 알맞은 수를 써넣으세요.

01

$$3 \text{ m}^2 = \boxed{} \text{ cm}^2$$

02

$$5 \text{ m}^2 = \boxed{} \text{ cm}^2$$

03

$$80000 \text{ cm}^2 = \boxed{} \text{ m}^2$$

04

$$700000 \text{ cm}^2 = \boxed{} \text{ m}^2$$

05

$$2.9 \text{ m}^2 = \boxed{} \text{ cm}^2$$

06

$$4 \text{ km}^2 = \boxed{} \text{ m}^2$$

07

$$10 \text{ km}^2 = \boxed{} \text{ m}^2$$

08

$$6000000 \text{ m}^2 = \boxed{} \text{ km}^2$$

09

$$31000000 \text{ m}^2 = \boxed{} \text{ km}^2$$

10

$$8.07 \text{ km}^2 = \boxed{} \text{ m}^2$$

11

$$9500000 \text{ m}^2 = \boxed{} \text{ km}^2$$

- m^2와 cm^2 비교하기

$$20000 \text{ cm}^2 \; \bigcirc\!\!\!= \; 2 \text{ m}^2$$

- km^2와 m^2 비교하기

$$3 \text{ km}^2 \; \bigcirc\!\!\!> \; 300000 \text{ m}^2$$

12~22 넓이를 비교하여 ○ 안에 >, =, <를 알맞게 써 넣으세요.

12

$$7 \text{ m}^2 \; \bigcirc \; 78000 \text{ cm}^2$$

13

$$5000 \text{ cm}^2 \; \bigcirc \; 15 \text{ m}^2$$

14

$$320000 \text{ cm}^2 \; \bigcirc \; 29 \text{ m}^2$$

15

$$41000 \text{ cm}^2 \; \bigcirc \; 4.1 \text{ m}^2$$

16

$$10 \text{ m}^2 \; \bigcirc \; 900000 \text{ cm}^2$$

17

$$5000000 \text{ m}^2 \; \bigcirc \; 5 \text{ km}^2$$

18

$$16 \text{ km}^2 \; \bigcirc \; 1600000 \text{ m}^2$$

19

$$7400000 \text{ m}^2 \; \bigcirc \; 28 \text{ km}^2$$

20

$$3.9 \text{ km}^2 \; \bigcirc \; 8040000 \text{ m}^2$$

21

$$2300000 \text{ m}^2 \; \bigcirc \; 1.7 \text{ km}^2$$

22

$$5.01 \text{ km}^2 \; \bigcirc \; 3600000 \text{ m}^2$$

01 □ 안에 알맞은 수를 써넣으세요.

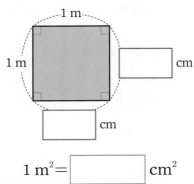

$$1 \ m^2 = \boxed{} \ cm^2$$

02 그림을 보고 □ 안에 알맞은 수를 써넣으세요.

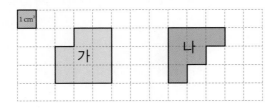

도형 가는 도형 나보다 □ cm² 더 넓습니다.

03 넓이가 7 cm²인 도형을 찾아 기호를 써 보세요.

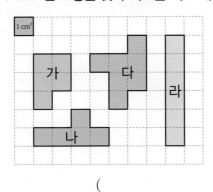

(   )

04 □ 안에 알맞은 수를 써넣으세요.

(1) $60000 \ cm^2 = \boxed{} \ m^2$

(2) $75 \ km^2 = \boxed{} \ m^2$

05 넓이가 같은 것을 찾아 이어 보세요.

(1)   14 m² •

(2)   1.4 m² •

(3)   140 m² •

 •㉠   1400000 cm²

 •㉡   14000 cm²

 •㉢   140000 cm²

06 넓이를 m²로 나타내기에 알맞은 것을 찾아 기호를 써 보세요.

㉠ 스케치북의 넓이
㉡ 손수건의 넓이
㉢ 학교 운동장의 넓이

(   )

07 다음 중 잘못된 것은 어느 것인가요? ( )

① $9 \text{ m}^2 = 90000 \text{ cm}^2$

② $18 \text{ km}^2 = 180000 \text{ m}^2$

③ $3000000 \text{ m}^2 = 3 \text{ km}^2$

④ $1200000 \text{ cm}^2 = 120 \text{ m}^2$

⑤ $0.7 \text{ km}^2 = 700000 \text{ m}^2$

08 넓이가 더 넓은 것을 찾아 기호를 써 보세요.

| ㉠ 36 km^2 ㉡ 8200000 m^2 |

( )

09 대화를 읽고 넓이의 단위를 잘못 말한 사람을 찾아 이름을 써 보세요.

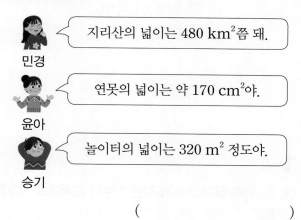

민경: 지리산의 넓이는 480 km^2쯤 돼.

윤아: 연못의 넓이는 약 170 cm^2야.

승기: 놀이터의 넓이는 320 m^2 정도야.

( )

10 넓이가 다음과 같은 두 잔디밭이 있습니다. 두 잔디밭의 넓이의 합은 몇 m^2인지 구해 보세요.

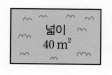

넓이 40 m^2 넓이 500000 cm^2

( )

11 실생활 활용

현서네 집의 평면도입니다. 주방 및 거실의 넓이는 몇 m^2인지 구해 보세요.

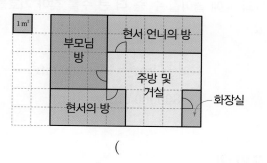

( )

12 교과 융합

제주도는 화산 활동으로 생긴 오름, 주상절리, 용암동굴 등의 독특하고 아름다운 환경을 인정받아 2007년 유네스코 세계유산에 등재되었습니다. 제주도의 안내 글을 보고 보기 에서 알맞은 단위를 골라 □ 안에 써 넣으세요.

보기

| cm^2 m^2 km^2 |

우리나라에 있는 가장 큰 화산섬인 제주도의 넓이는 약 1847 □ 입니다.

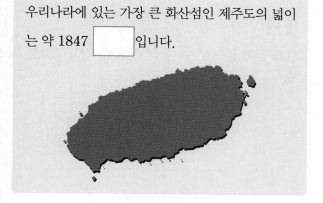

대표 응용 1 넓이의 단위 바꾸기

㉠과 ㉡에 들어갈 수 중 더 큰 수를 찾아 기호를 써 보세요.

$$\boxed{㉠} \text{ km}^2 = 16000000 \text{ m}^2$$
$$800000 \text{ cm}^2 = \boxed{㉡} \text{ m}^2$$

해결하기

1단계 $1 \text{ km}^2 = \boxed{} \text{ m}^2$이므로

$16000000 \text{ m}^2 = \boxed{} \text{ km}^2$입니다.

➡ ㉠$= \boxed{}$

2단계 $1 \text{ m}^2 = \boxed{} \text{ cm}^2$이므로

$800000 \text{ cm}^2 = \boxed{} \text{ m}^2$입니다.

➡ ㉡$= \boxed{}$

3단계 들어갈 수를 비교하면 $\boxed{} > \boxed{}$이므로

더 큰 수가 들어갈 것은 $\boxed{}$입니다.

1-1

㉠과 ㉡에 들어갈 수 중 더 큰 수를 찾아 기호를 써 보세요.

$$\boxed{㉠} \text{ km}^2 = 12000000 \text{ m}^2$$
$$40000 \text{ cm}^2 = \boxed{㉡} \text{ m}^2$$

(   )

1-2

㉠과 ㉡에 들어갈 수 중 더 작은 수를 찾아 기호를 써 보세요.

$$0.7 \text{ km}^2 = \boxed{㉠} \text{ m}^2$$
$$9 \text{ m}^2 = \boxed{㉡} \text{ cm}^2$$

(   )

1-3

㉠, ㉡, ㉢에 들어갈 수가 큰 것부터 순서대로 기호를 써 보세요.

$$600000 \text{ cm}^2 = \boxed{㉠} \text{ m}^2$$
$$\boxed{㉡} \text{ km}^2 = 130000 \text{ m}^2$$
$$0.5 \text{ km}^2 = \boxed{㉢} \text{ m}^2$$

(   )

1-4

㉠, ㉡, ㉢에 들어갈 수가 작은 것부터 순서대로 기호를 써 보세요.

$$\boxed{㉠} \text{ m}^2 = 19000 \text{ cm}^2$$
$$320000 \text{ cm}^2 = \boxed{㉡} \text{ m}^2$$
$$\boxed{㉢} \text{ km}^2 = 8700000 \text{ m}^2$$

(   )

대표 응용 2 넓이 비교하기

넓이가 가장 넓은 것을 찾아 기호를 써 보세요.

> ㉠ 1000000 m²
> ㉡ 9 km²
> ㉢ 980000 m²

해결하기

1단계 ㉠, ㉢의 단위가 m²이므로 ㉡의 단위를 m²로 나타내면 9 km² = ☐ m²입니다.

2단계 넓이를 비교하면

☐ m² > ☐ m² > ☐ m²이므로 넓이가 가장 넓은 것은 ☐ 입니다.

2-1

넓이가 가장 넓은 것을 찾아 기호를 써 보세요.

> ㉠ 3000000 m²
> ㉡ 510000 m²
> ㉢ 4 km²

( )

2-2

넓이가 가장 좁은 것을 찾아 기호를 써 보세요.

> ㉠ 2 km²
> ㉡ 6000000 cm²
> ㉢ 90000 m²

( )

2-3

넓이가 넓은 것부터 순서대로 기호를 써 보세요.

> ㉠ 820000 m²
> ㉡ 1 km²
> ㉢ 0.506 km²
> ㉣ 74000000 cm²

( )

2-4

넓이가 좁은 것부터 순서대로 기호를 써 보세요.

> ㉠ 960000 m²
> ㉡ 57000000 cm²
> ㉢ 63000000 cm²
> ㉣ 0.0085 km²

( )

3. 직사각형의 넓이

개념 1 직사각형의 넓이

이미 배운 직사각형

네 각이 모두 직각인 사각형을 직사각형이라고 합니다.

새로 배울 직사각형의 넓이

직사각형의 넓이 구하기

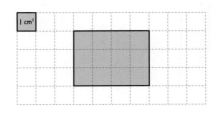

직사각형의 가로는 옆으로 나 있는 길이이고, 세로는 위아래로 나 있는 길이에요.

$1\,cm^2$ 가 직사각형의 가로에 **4**개, 세로에 **3**개 있습니다.

$1\,cm^2$ 가 직사각형에 $4 \times 3 = 12$(개) 있으므로 넓이는 **12 cm²**입니다.

➜ 직사각형의 넓이는 $4 \times 3 = 12\,(cm^2)$입니다.
  가로↙   ↘세로

(직사각형의 넓이)=(가로)×(세로)

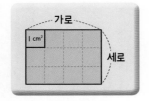
➡ (가로에 있는 $1\,cm^2$의 개수) ×(세로에 있는 $1\,cm^2$의 개수) ➡ 전체 $1\,cm^2$의 개수 구하기 ➡ (직사각형의 넓이) =(가로)×(세로)

[직사각형의 넓이를 2가지 방법으로 구하기]

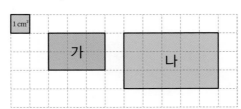

방법 1 $1\,cm^2$의 개수를 세어서 구하기

도형	$1\,cm^2$의 개수(개)	넓이(cm²)
가	6	6
나	15	15

방법 2 (가로) × (세로)로 구하기

도형	넓이를 구하는 식	넓이(cm²)
가	$3 \times 2 = 6$	6
나	$5 \times 3 = 15$	15

개념 2 정사각형의 넓이

네 각이 모두 직각이고 네 변의 길이가 모두 같은 사각형을 정사각형이라고 합니다.

새로 배울 **정사각형의 넓이**

정사각형의 넓이 구하기

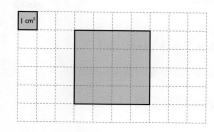

1 cm²가 정사각형의 가로, 세로에 각각 **4**개씩 있습니다.

1 cm²가 정사각형에 **4×4＝16**(개) 있으므로 넓이는 **16 cm²**입니다.

➜ 정사각형의 넓이는 **4×4＝16 (cm²)**입니다.

　　　　한 변의 길이 ↙　　　↘ 한 변의 길이

(정사각형의 넓이)＝(한 변의 길이)×(한 변의 길이)

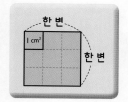
➡
(한 변에 있는 1 cm²의 개수)
×(한 변에 있는 1 cm²의 개수)
➡
전체 1 cm²의 개수
구하기
➡
(정사각형의 넓이)
=(한 변의 길이)×(한 변의 길이)

[정사각형의 넓이를 2가지 방법으로 구하기]

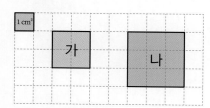

방법 1 1 cm²의 개수를 세어서 구하기

도형	1 cm²의 개수(개)	넓이(cm²)
가	4	4
나	9	9

방법 2 (한 변의 길이)×(한 변의 길이)로 구하기

도형	넓이를 구하는 식	넓이(cm²)
가	2×2＝4	4
나	3×3＝9	9

정사각형은 네 변의 길이가 같으므로 한 변의 길이만 알면 넓이를 구할 수 있어요.

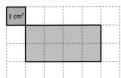

• 1 cm²를 이용하여 직사각형의 넓이 구하기

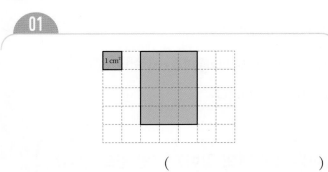

(직사각형의 넓이)=4×2=8 (cm²)

• 직사각형의 넓이 구하기

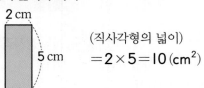

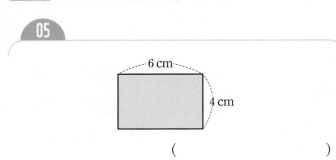

(직사각형의 넓이)
=2×5=10 (cm²)

01~04 직사각형의 넓이는 몇 cm²인지 구해 보세요.

05~08 직사각형의 넓이는 몇 cm²인지 구해 보세요.

01

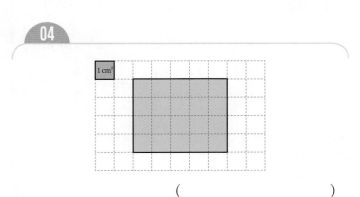

(   )

05

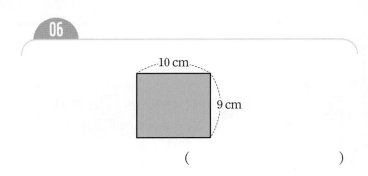

6 cm
4 cm

(   )

02

(   )

06

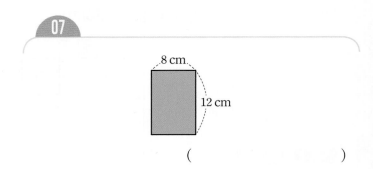

10 cm
9 cm

(   )

03

(   )

07

8 cm
12 cm

(   )

04

(   )

08

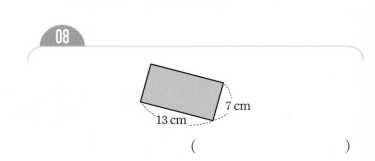

13 cm
7 cm

(   )

• 정사각형의 넓이 구하기

3 cm

(정사각형의 넓이)
$=3 \times 3 = 9 \ (cm^2)$

• 넓이가 주어졌을 때 직사각형의 가로 구하기

□ cm

2 cm   넓이: 12 cm²

$\square \times 2 = 12, \quad \square = 6$

09~12 정사각형의 넓이는 몇 cm^2인지 구해 보세요.

09

9 cm

(   )

10

7 cm

(   )

11

11 cm

(   )

12

15 cm

(   )

13~16 직사각형의 넓이가 다음과 같을 때 □ 안에 알맞은 수를 써넣으세요.

13

□ cm

3 cm   넓이: 21 cm²

14

□ cm

9 cm

넓이: 45 cm²

15

□ cm   넓이: 128 cm²

8 cm

16

14 cm   넓이: 294 cm²

□ cm

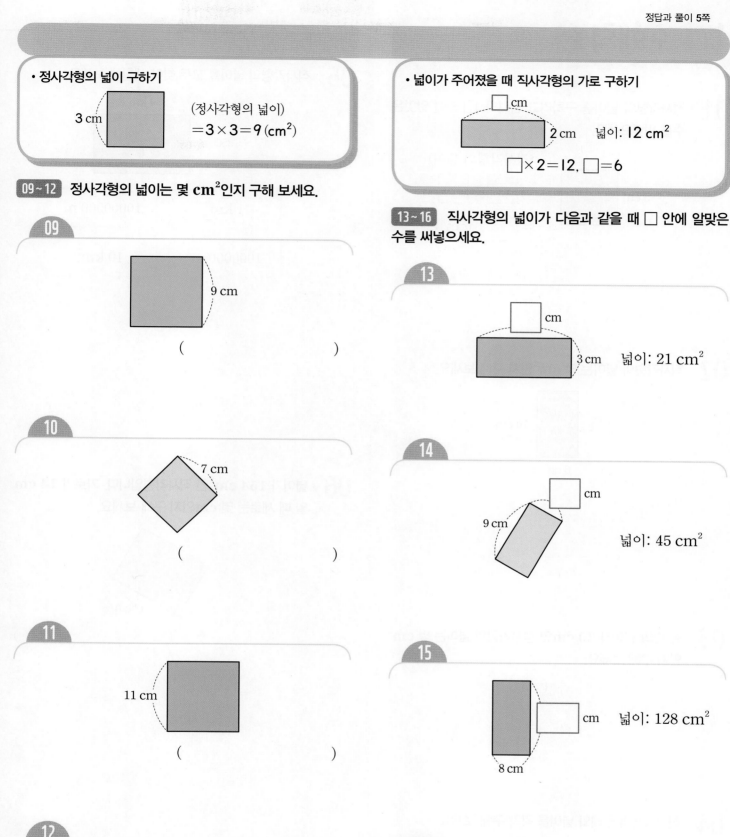
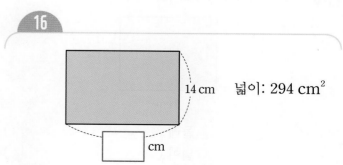

01 정사각형의 넓이를 구하려고 합니다. □ 안에 알맞은 수를 써넣으세요.

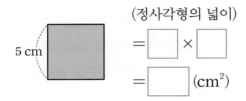

(정사각형의 넓이)

= □ × □

= □ (cm²)

02 직사각형의 넓이는 몇 cm²인지 구해 보세요.

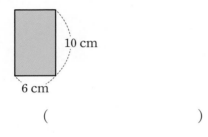

( )

03 한 변의 길이가 20 cm인 정사각형의 넓이는 몇 cm² 인지 구해 보세요.

( )

04 직사각형의 둘레와 넓이를 각각 구해 보세요.

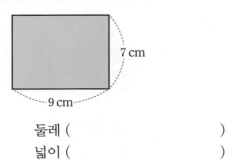

둘레 ( )

넓이 ( )

05 직사각형의 넓이를 모두 찾아 색칠해 보세요.

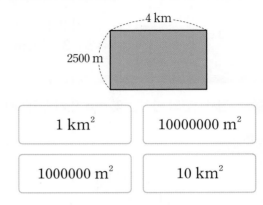

| 1 km² | 10000000 m² |

| 1000000 m² | 10 km² |

06 넓이가 154 cm²인 직사각형입니다. 가로가 14 cm 일 때 세로는 몇 cm인지 구해 보세요.

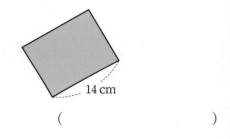

( )

07 넓이가 넓은 것부터 순서대로 기호를 써 보세요.

ㄱ 가로가 12 m, 세로가 8 m인 직사각형
ㄴ 한 변의 길이가 10 m인 정사각형
ㄷ 가로가 7 m, 세로가 15 m인 직사각형

( )

08 직사각형 모양의 종이를 잘라 만들 수 있는 가장 큰 정사각형의 넓이는 몇 cm^2인지 구해 보세요.

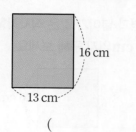

( )

09 어떤 정사각형이 있습니다. 이 정사각형의 한 변의 길이를 3배로 늘이면 늘인 정사각형의 넓이는 처음 정사각형의 넓이의 몇 배가 되는지 구해 보세요.

( )

10 주어진 선분을 한 변으로 하고 넓이가 각각 $24\ cm^2$인 직사각형 2개를 완성해 보세요.

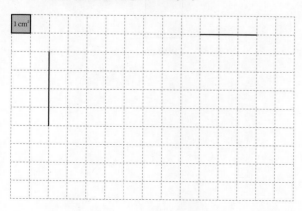

⑪ 실생활 활용 ‖‖‖‖‖‖‖‖‖‖‖‖‖‖‖‖‖‖‖‖‖

수진이네 마을 사람들이 텃밭을 나누어 가지려고 합니다. 직사각형 모양의 텃밭을 다음과 같이 크기가 모두 같게 나누어 한 구역씩 가진다면 텃밭 한 구역의 넓이는 몇 m^2인지 구해 보세요. (단, 구역을 나누는 선의 두께는 생각하지 않습니다.)

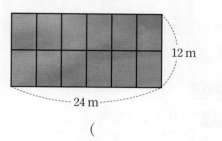

( )

⑫ 교과 융합 ‖‖‖‖‖‖‖‖‖‖‖‖‖‖‖‖‖‖‖‖‖‖‖‖‖‖‖‖‖‖

우리가 찍은 사진을 확대해 보면 작은 픽셀들로 이루어져 있습니다. 이 픽셀은 화면을 구성하는 가장 작은 단위입니다. 어떤 사진을 확대했더니 다음과 같았습니다. 정사각형 모양의 작은 픽셀 한 개의 한 변의 길이가 $2\ cm$라면 확대한 전체 픽셀의 넓이는 몇 cm^2인지 구해 보세요.

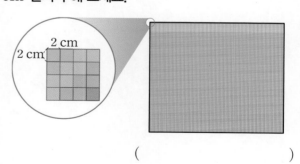

( )

수해력을 완성해요

대표 응용 **1**

도형의 넓이가 같을 때 변의 길이 구하기

직사각형과 정사각형의 넓이가 같을 때 직사각형의 세로는 몇 **cm**인지 구해 보세요.

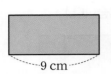 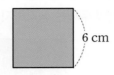

해결하기

1단계 정사각형의 넓이는

$\boxed{} \times \boxed{} = \boxed{}$ (cm^2)입니다.

2단계 직사각형의 세로를 ■ cm라 하면

$\boxed{} \times ■ = \boxed{}$, ■ $= \boxed{}$ 입니다.

3단계 직사각형의 세로는 $\boxed{}$ cm입니다.

1-1

직사각형과 정사각형의 넓이가 같을 때 직사각형의 가로는 몇 **cm**인지 구해 보세요.

( )

1-2

다음 정사각형과 넓이가 같은 직사각형의 가로가 2 cm일 때 세로는 몇 **cm**인지 구해 보세요.

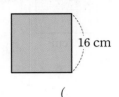

( )

1-3

직사각형과 정사각형의 넓이가 같을 때 정사각형의 한 변의 길이는 몇 **cm**인지 구해 보세요.

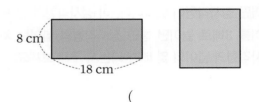

( )

1-4

다음 직사각형과 넓이가 같은 정사각형의 한 변의 길이는 몇 **km**인지 구해 보세요.

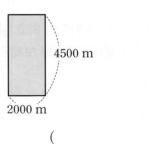

( )

대표 응용 2

둘레(넓이)가 주어졌을 때 넓이(둘레) 구하기

둘레가 36 cm인 정사각형입니다. 이 정사각형의 넓이는 몇 cm²인지 구해 보세요.

해결하기

1단계 정사각형은 네 변의 길이가 모두 같으므로 한 변의 길이는 ☐ ÷ ☐ = ☐ (cm)입니다.

2단계 정사각형의 넓이는 ☐ × ☐ = ☐ (cm²)입니다.

2-1

둘레가 52 cm인 정사각형이 있습니다. 이 정사각형의 넓이는 몇 cm²인지 구해 보세요.

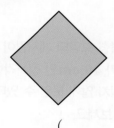

(   )

2-2

둘레가 42 cm인 직사각형입니다. 이 직사각형의 넓이는 몇 cm²인지 구해 보세요.

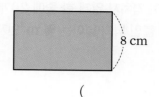

8 cm

(   )

2-3

넓이가 126 cm²인 직사각형입니다. 이 직사각형의 둘레는 몇 cm인지 구해 보세요.

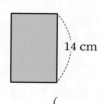

14 cm

(   )

2-4

둘레가 28000 m인 정사각형 모양의 땅이 있습니다. 이 땅의 넓이는 몇 km²인지 구해 보세요.

(   )

대표 응용 3 타일(종이)을 붙인 곳의 넓이 구하기

벽에 가로가 15 cm, 세로가 10 cm인 직사각형 모양의 타일을 빈틈없이 겹치지 않게 한 줄에 20개씩 30줄 붙였습니다. 타일을 붙인 벽의 넓이는 몇 m²인지 구해 보세요.

해결하기

1단계 타일 한 개의 넓이는

$$\boxed{} \times \boxed{} = \boxed{} (cm^2)입니다.$$

2단계 타일을 모두 $\boxed{} \times \boxed{} = \boxed{}$ (개)

붙였습니다.

3단계 타일을 붙인 벽의 넓이는

$$\boxed{} \times \boxed{} = \boxed{} (cm^2)$$

이므로 m² 단위로 나타내면 $\boxed{}$ m²입니다.

3-1

벽에 가로가 20 cm, 세로가 10 cm인 직사각형 모양의 타일을 빈틈없이 겹치지 않게 한 줄에 15개씩 20줄 붙였습니다. 타일을 붙인 벽의 넓이는 몇 m²인지 구해 보세요.

(   )

3-2

벽에 가로가 72 cm, 세로가 55 cm인 직사각형 모양의 타일을 빈틈없이 겹치지 않게 한 줄에 10개씩 40줄 붙였습니다. 타일을 붙인 벽의 넓이는 몇 m²인지 구해 보세요.

(   )

3-3

가로가 2 m, 세로가 1 m인 직사각형 모양의 게시판이 있습니다. 이 게시판에 한 변의 길이가 20 cm인 정사각형 모양의 종이를 빈틈없이 겹치지 않게 붙인다면 모두 몇 장의 종이를 붙일 수 있는지 구해 보세요.

(   )

3-4

다음과 같은 직사각형 모양의 게시판이 있습니다. 이 게시판에 한 변의 길이가 40 cm인 정사각형 모양의 종이 40장을 빈틈없이 겹치지 않게 붙일 수 있다면 게시판의 세로는 몇 m인지 구해 보세요.

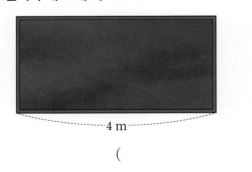

4 m

(   )

대표 응용 4

도형(색칠한 부분)의 넓이 구하기

도형의 넓이는 몇 cm^2인지 구해 보세요.

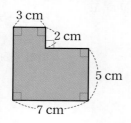

해결하기

`1단계` 도형을 가로가 3 cm, 세로가 ☐ cm인 직사

각형과 가로가 7 cm, 세로가 ☐ cm인 직사

각형으로 나누어 넓이를 구합니다.

`2단계` (도형의 넓이)

$= 3 \times$ ☐ $+ 7 \times$ ☐

$=$ ☐ $+$ ☐ $=$ ☐ (cm^2)

4-1

도형의 넓이는 몇 cm^2인지 구해 보세요.

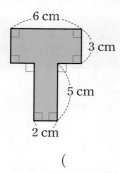

( )

4-2

색칠한 부분의 넓이는 몇 cm^2인지 구해 보세요.

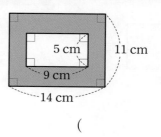

( )

4-3

색칠한 부분의 넓이는 몇 cm^2인지 구해 보세요.

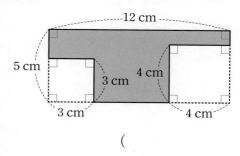

( )

4-4

색칠한 부분의 넓이는 몇 cm^2인지 구해 보세요.

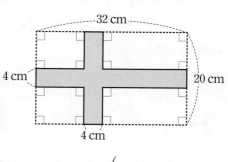

( )

4. 평행사변형의 넓이

개념 1 평행사변형의 넓이(1)

이미 배운 **직사각형의 넓이**

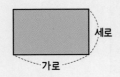

(직사각형의 넓이)

＝(가로)×(세로)

새로 배울 평행사변형의 넓이(1)

- 평행사변형에서 평행한 두 변을 밑변이라고 하고, 두 밑변 사이의 거리를 높이라고 합니다.

 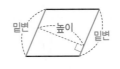

밑변은 고정된 변이 아닌 기준이 되는 변이며, 높이는 밑변에 따라 정해져요.

- 평행사변형의 넓이를 구할 때 평행사변형을 잘라 직사각형으로 만든 다음 직사각형의 넓이 구하는 방법을 이용하여 구할 수 있습니다.

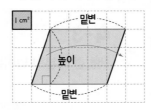 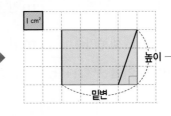

— 직사각형의 가로는 평행사변형의 밑변의 길이와 같고, 직사각형의 세로는 평행사변형의 높이와 같습니다.

(평행사변형의 넓이)＝(만들어진 직사각형의 넓이)

＝(가로)×(세로)

＝(밑변의 길이)×(높이)

(평행사변형의 넓이)＝(밑변의 길이)×(높이)

평행사변형을 잘라 직사각형으로 만들기 ➡ (직사각형의 넓이) =(가로)×(세로) ➡ (평행사변형의 넓이) =(밑변의 길이)×(높이)

[평행사변형의 넓이 구하기]

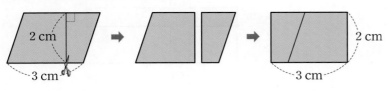

만들어진 직사각형의 가로는 3 cm, 세로는 2 cm예요.

(평행사변형의 넓이)＝(만들어진 직사각형의 넓이)

＝(가로)×(세로)

＝(밑변의 길이)×(높이)

＝3×2＝6(cm²)

개념 2 평행사변형의 넓이(2)

이미 배운 평행사변형의 넓이

(평행사변형의 넓이)

＝(밑변의 길이)×(높이)

새로 배울 평행사변형의 넓이(2)

넓이가 같은 평행사변형 알아보기

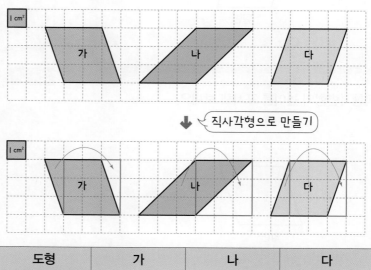

도형	가	나	다
넓이(cm^2)	$3×3=9$	$3×3=9$	$3×3=9$

평행사변형은 잘라서 직사각형으로 만들 수 있으므로 평행사변형의 모양이 달라도 밑변의 길이와 높이가 같으면 넓이가 모두 같습니다.

평행사변형의 밑변의 길이와
높이가 같습니다. 평행사변형의 넓이가
모두 같습니다.

[평행사변형의 넓이를 2가지 방법으로 구하기]

방법 1 밑변의 길이가 15 cm,
높이가 4 cm인 경우

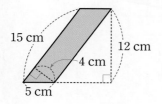

(평행사변형의 넓이)

＝$15×4=60$ (cm^2)

방법 2 밑변의 길이가 5 cm,
높이가 12 cm인 경우

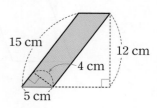

(평행사변형의 넓이)

＝$5×12=60$ (cm^2)

 평행사변형의 밑변과 높이를 다르게 정해도
평행사변형의 넓이는 같아요.

• 평행사변형의 높이 표시하기

예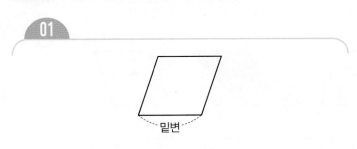

높이
밑변

• 1 cm²를 이용하여 평행사변형의 넓이 구하기

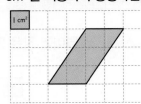

1 cm²

(평행사변형의 넓이)
$= 2 \times 3 = 6 \,(\text{cm}^2)$

01~04 평행사변형의 높이를 표시해 보세요.

05~08 평행사변형의 넓이는 몇 cm²인지 구해 보세요.

01

밑변

05

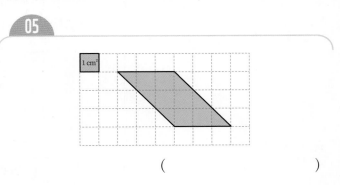

1 cm²

( )

02

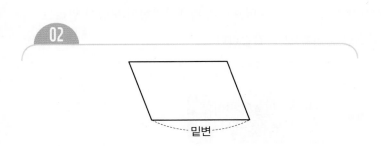

밑변

06

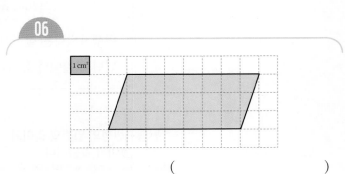

1 cm²

( )

03

밑변

07

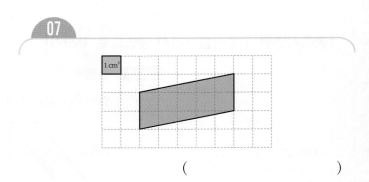

1 cm²

( )

04

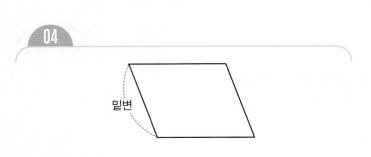

밑변

08

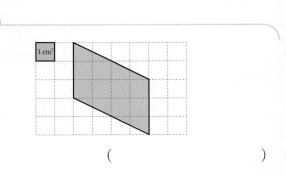

1 cm²

( )

• 평행사변형의 넓이 구하기

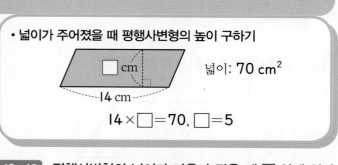

(평행사변형의 넓이)
$= 6 \times 3 = 18 \, (cm^2)$

• 넓이가 주어졌을 때 평행사변형의 높이 구하기

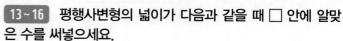

넓이: $70 \, cm^2$

$14 \times \square = 70, \ \square = 5$

09 ~ 12 평행사변형의 넓이는 몇 cm^2인지 구해 보세요.

13 ~ 16 평행사변형의 넓이가 다음과 같을 때 □ 안에 알맞은 수를 써넣으세요.

09

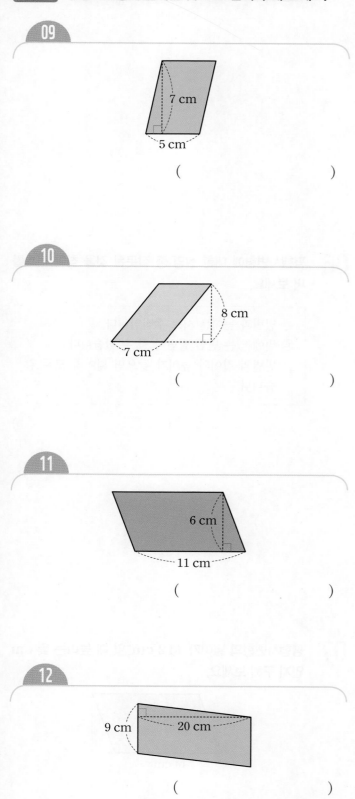

7 cm
5 cm

( )

13

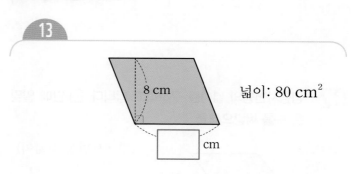

8 cm
cm

넓이: $80 \, cm^2$

10

8 cm
7 cm

( )

14

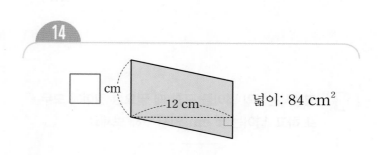

cm
-12 cm-

넓이: $84 \, cm^2$

11

6 cm
11 cm

( )

15

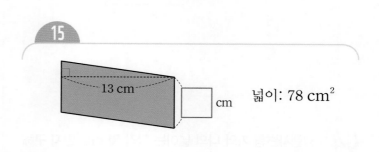

13 cm
cm

넓이: $78 \, cm^2$

12

9 cm 20 cm

( )

16

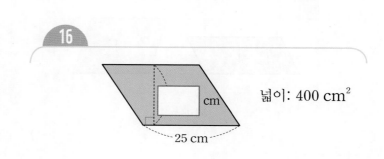

cm
25 cm

넓이: $400 \, cm^2$

01 평행사변형의 높이는 몇 **cm**인가요?

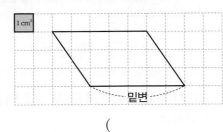

( )

02 평행사변형의 넓이를 구하려고 합니다. □ 안에 알맞은 수를 써넣으세요.

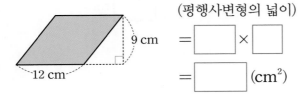

(평행사변형의 넓이)

$= \boxed{} \times \boxed{}$

$= \boxed{} \ (\text{cm}^2)$

03 평행사변형의 넓이를 구할 때 필요한 길이에 모두 ○표 하고, 넓이는 몇 **cm²**인지 구해 보세요.

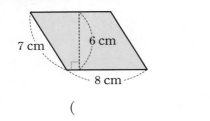

( )

04 평행사변형 가와 나의 넓이는 각각 몇 **cm²**인지 구해 보세요.

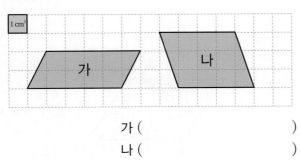

가 ( )

나 ( )

05 넓이가 다른 평행사변형을 찾아 기호를 써 보세요.

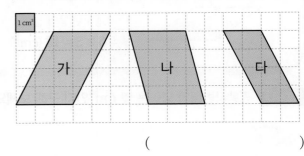

( )

06 평행사변형에 대한 설명 중 잘못된 것을 찾아 기호를 써 보세요.

┌─────────────────────────────┐
ⓐ 밑변과 높이는 서로 수직입니다.
ⓑ 밑에 있는 변만 밑변이 될 수 있습니다.
ⓒ 밑변의 길이와 높이가 같으면 넓이가 모두 같습니다.
└─────────────────────────────┘

( )

07 평행사변형의 넓이가 112 **cm²**일 때 높이는 몇 **cm**인지 구해 보세요.

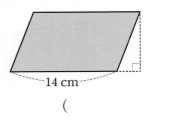

( )

08 평행사변형의 넓이를 cm^2와 m^2로 각각 나타내 보세요.

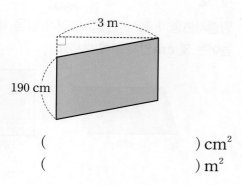

(   ) cm^2
(   ) m^2

09 평행사변형 가와 나 중 어느 것의 넓이가 몇 cm^2 더 넓은지 구해 보세요.

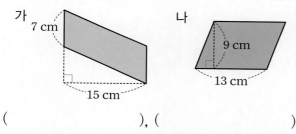

(   ), (   )

10 직선 가와 직선 나는 서로 평행합니다. 직사각형 ㉮의 넓이가 $88\ cm^2$일 때 평행사변형 ㉯의 넓이는 몇 cm^2인지 구해 보세요.

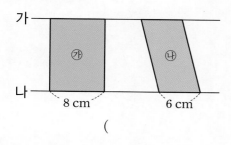

(   )

11 실생활 활용 ▐▐▐▐▐▐▐▐▐▐▐▐▐▐▐▐▐▐▐▐▐▐▐▐

도로에 그려진 과속방지턱입니다. 흰색과 노란색 평행사변형의 크기가 모두 같을 때 빨간색으로 표시한 부분의 넓이는 몇 cm^2인지 구해 보세요.

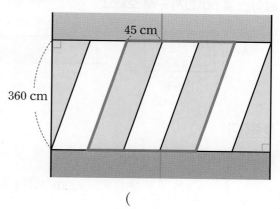

(   )

12 교과 융합 ▐▐▐▐▐▐▐▐▐▐▐▐▐▐▐▐▐▐▐▐▐▐▐▐▐▐▐▐▐▐

고무는 탄력성이 강하고 신축성이 좋으며 전기가 통하지 않아 공업용품이나 상업용품으로 널리 쓰입니다. 다음은 판 위에 일정한 간격으로 못을 박고 그 위에 고무줄을 걸어 여러 가지 도형을 만들 수 있는 지오보드입니다. 지오보드에 넓이가 $18\ cm^2$인 서로 다른 모양의 평행사변형을 2개 그려 보세요.

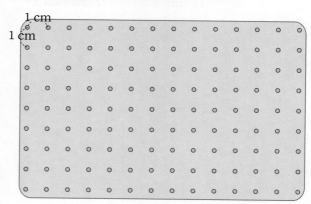

대표 응용 1

도형의 넓이가 같을 때 선분의 길이 구하기

직사각형과 평행사변형의 넓이가 같을 때 평행사변형의 높이는 몇 **cm**인지 구해 보세요.

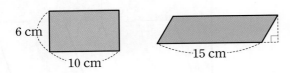

해결하기

1단계 직사각형의 넓이는

$$\boxed{} \times \boxed{} = \boxed{} \ (\text{cm}^2) \text{입니다.}$$

2단계 평행사변형의 높이를 ■ cm라 하면

$$\boxed{} \times ■ = \boxed{}, \ ■ = \boxed{} \text{입니다.}$$

3단계 평행사변형의 높이는 $\boxed{}$ cm입니다.

1-1

직사각형과 평행사변형의 넓이가 같을 때 평행사변형의 밑변의 길이는 몇 **cm**인지 구해 보세요.

( )

1-2

평행사변형과 정사각형의 넓이가 같을 때 평행사변형의 높이는 몇 **cm**인지 구해 보세요.

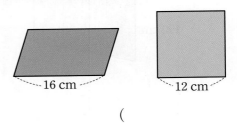

( )

1-3

밑변의 길이가 **49 cm**, 높이가 **4 cm**인 평행사변형과 넓이가 같은 정사각형의 한 변의 길이는 몇 **cm**인지 구해 보세요.

( )

1-4

직사각형 ㄱㄴㄷㄹ과 평행사변형 ㄱㅁㅂㄹ의 넓이의 합이 **196 cm²**일 때 변 ㅁㅂ은 몇 **cm**인지 구해 보세요.

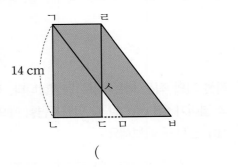

( )

대표 응용 2 — 둘레(넓이)가 주어졌을 때 넓이(둘레) 구하기

평행사변형의 둘레가 30 cm일 때 넓이는 몇 cm²인지 구해 보세요.

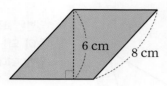

해결하기

1단계 평행사변형의 다른 한 변의 길이를 ■ cm라 하면

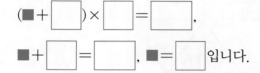

$$(■ + \boxed{}) \times \boxed{} = \boxed{},$$

$$■ + \boxed{} = \boxed{}, ■ = \boxed{} \text{ 입니다.}$$

2단계 평행사변형의 넓이는

$$\boxed{} \times \boxed{} = \boxed{} \text{ (cm}^2) \text{입니다.}$$

2-1

평행사변형의 둘레가 22 cm일 때 넓이는 몇 cm²인지 구해 보세요.

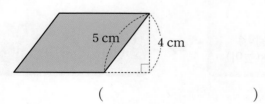

( )

2-2

평행사변형의 넓이가 286 cm²일 때 둘레는 몇 cm인지 구해 보세요.

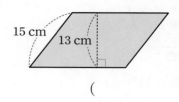

( )

2-3

평행사변형의 둘레는 몇 cm인지 구해 보세요.

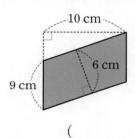

( )

2-4

평행사변형의 둘레는 몇 cm인지 구해 보세요.

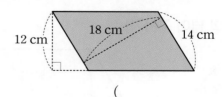

( )

5. 삼각형의 넓이

개념 1 삼각형의 넓이(1)

이미 배운 **평행사변형의 넓이**

(평행사변형의 넓이)
＝(밑변의 길이)×(높이)

새로 배울 **삼각형의 넓이**(1)

• 삼각형에서 한 변을 밑변이라 하면, 밑변과 마주 보는 꼭짓점에서 밑변에 수직으로 그은 선분의 길이를 높이라고 합니다.

 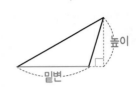

밑변은 고정된 변이 아닌 기준이 되는 변이며, 높이는 밑변에 따라 정해져요.

• 삼각형의 넓이를 구할 때 삼각형 **2**개를 이용하여 평행사변형으로 만든 다음 평행사변형의 넓이 구하는 방법을 이용하여 구할 수 있습니다.

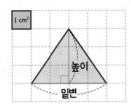 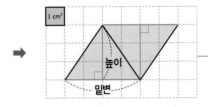

평행사변형의 밑변의 길이는 삼각형의 밑변의 길이와 같고, 평행사변형의 높이는 삼각형의 높이와 같습니다.

(삼각형의 넓이)＝(만들어진 평행사변형의 넓이)÷2
　　　　　　＝(밑변의 길이)×(높이)÷2

(삼각형의 넓이)＝(밑변의 길이)×(높이)÷2

삼각형을 2개 붙여 평행사변형으로 만들기 ➡ (평행사변형의 넓이) =(밑변의 길이)×(높이) ➡ (삼각형의 넓이) =(밑변의 길이)×(높이)÷2

[삼각형의 넓이 구하기]

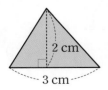 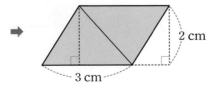

만들어진 평행사변형의 밑변의 길이는 3 cm, 높이는 2 cm예요.

(삼각형의 넓이)＝(만들어진 평행사변형의 넓이)÷2
　　　　　　＝(밑변의 길이)×(높이)÷2
　　　　　　＝3×2÷2＝3(cm^2)

개념 **2** 삼각형의 넓이(2)

이미 배운 평행사변형의 넓이

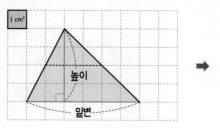

(평행사변형의 넓이)
=(밑변의 길이)×(높이)

새로 배울 삼각형의 넓이(2)

삼각형의 넓이를 구할 때 삼각형을 잘라 평행사변형으로 만든 다음 평행사변형의 넓이 구하는 방법을 이용하여 구할 수 있습니다.

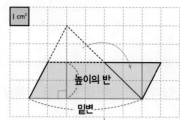

평행사변형의 밑변의 길이는 삼각형의 밑변의 길이와 같고, 평행사변형의 높이는 삼각형의 높이의 반과 같습니다.

(삼각형의 넓이)
=(만들어진 평행사변형의 넓이)
=(밑변의 길이)×(삼각형의 높이)의 반
=(밑변의 길이)×(높이)÷2

| 삼각형을 잘라
평행사변형으로 만들기 | ⇨ | (평행사변형의 넓이)
=(밑변의 길이)×(높이) | ⇨ | (삼각형의 넓이)
=(밑변의 길이)×(높이)÷2 |

[넓이가 같은 삼각형 알아보기]

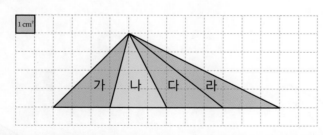

삼각형	가	나	다	라
밑변의 길이(cm)	3	3	3	3
높이(cm)	4	4	4	4
넓이(cm²)	3×4÷2=6	3×4÷2=6	3×4÷2=6	3×4÷2=6

삼각형의 모양이 다른데 넓이가 모두 같네요?

삼각형의 밑변의 길이와 높이가 같으면 넓이가 모두 같아요.

• 삼각형의 높이 표시하기

예

• 1 cm²를 이용하여 삼각형의 넓이 구하기

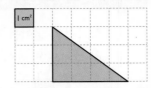

(삼각형의 넓이)
$= 4 \times 3 \div 2 = 6 \, (cm^2)$

01~04 삼각형의 높이를 표시해 보세요.

05~08 삼각형의 넓이는 몇 cm²인지 구해 보세요.

01

05

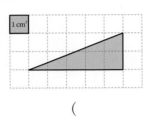

(   )

02

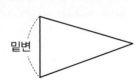

06

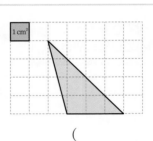

(   )

03

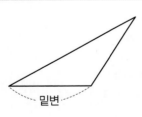

07

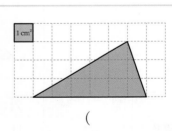

(   )

04

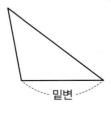

08

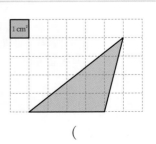

(   )

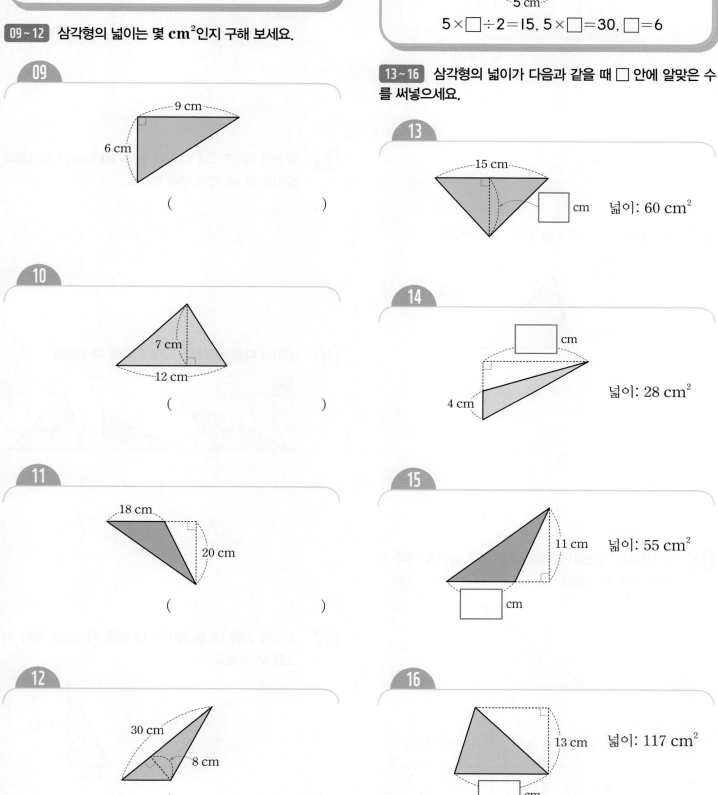

• 삼각형의 넓이 구하기

(삼각형의 넓이)
$= 8 \times 4 \div 2 = 16 \, (\text{cm}^2)$

4 cm
8 cm

• 넓이가 주어졌을 때 삼각형의 높이 구하기

□ cm   넓이: 15 cm²

5 cm

$5 \times \square \div 2 = 15, \ 5 \times \square = 30, \ \square = 6$

09~12 삼각형의 넓이는 몇 cm^2인지 구해 보세요.

09

9 cm
6 cm

(   )

10

7 cm
12 cm

(   )

11

18 cm
20 cm

(   )

12

30 cm
8 cm

(   )

13~16 삼각형의 넓이가 다음과 같을 때 □ 안에 알맞은 수를 써넣으세요.

13

15 cm   □ cm   넓이: 60 cm²

14

□ cm
4 cm   넓이: 28 cm²

15

11 cm   넓이: 55 cm²
□ cm

16

13 cm   넓이: 117 cm²
□ cm

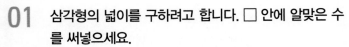

01 삼각형의 넓이를 구하려고 합니다. □ 안에 알맞은 수를 써넣으세요.

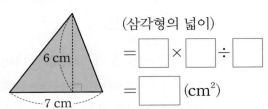

(삼각형의 넓이)

= □ × □ ÷ □

= □ (cm²)

02 삼각형의 넓이는 몇 cm²인지 구해 보세요.

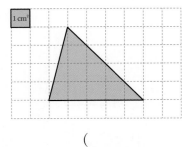

(   )

03 삼각형에서 밑변이 다음과 같을 때의 높이를 각각 찾아 기호를 써 보세요.

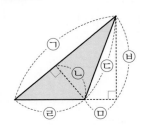

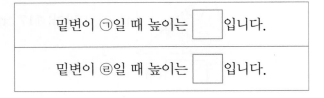

밑변이 ㉠일 때 높이는 □ 입니다.

밑변이 ㉣일 때 높이는 □ 입니다.

04 삼각형의 넓이는 몇 cm²인지 구해 보세요.

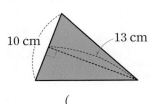

(   )

05 밑변의 길이가 24 m이고 높이가 11 m인 삼각형의 넓이는 몇 m²인지 구해 보세요.

(   )

06 넓이가 다른 삼각형을 찾아 기호를 써 보세요.

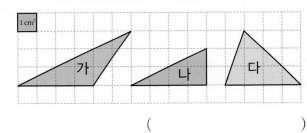

(   )

07 삼각형 가와 나 중 넓이가 더 넓은 삼각형을 찾아 기호를 써 보세요.

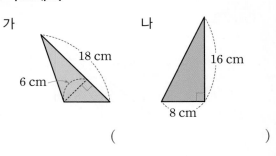

(   )

08 삼각형의 넓이가 150 cm^2일 때 밑변의 길이는 몇 cm인지 구해 보세요.

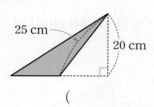

( )

09 넓이가 6 cm^2인 삼각형을 서로 다른 모양으로 2개 그려 보세요.

10 평행사변형의 넓이가 126 cm^2일 때 삼각형의 넓이는 몇 cm^2인지 구해 보세요.

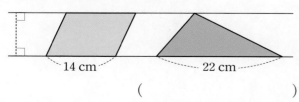

( )

11 실생활 활용 ||||||||||||||||||||||||||||||||||||||

현민이와 윤정이는 샌드위치를 만들기 위해 식빵을 삼각형 모양으로 잘랐습니다. 자른 식빵의 넓이가 각각 다음과 같을 때 높이가 더 긴 식빵을 자른 사람을 찾아 이름을 써 보세요.

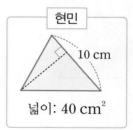

현민
10 cm
넓이: 40 cm^2

윤정
12 cm
넓이: 42 cm^2

( )

12 교과 융합 ||||||||||||||||||||||||||||||||||||||

조선업은 배를 설계하고 만드는 공업으로 우리나라는 1970년대에 조선업이 급격히 성장하였습니다. 조선소는 넓은 땅과 항구가 필요하기 때문에 조선업은 지방의 바다 부근에서 발달하였습니다. 조선소에서 만든 배를 보고 표를 완성해 보세요.

	밑변의 길이(m)	높이(m)	넓이(m^2)
연두색 돛	4	6	
보라색 돛		8	20

수해력을 완성해요

대표 응용 1 둘레(넓이)가 주어졌을 때 넓이(둘레) 구하기

삼각형 ㄱㄴㄷ의 둘레가 44 cm일 때 넓이는 몇 cm²인지 구해 보세요.

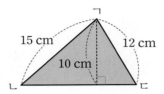

해결하기

1단계 삼각형의 ㄱㄴㄷ의 둘레가 44 cm이므로

(변 ㄴㄷ)= ☐ − ☐ − ☐ = ☐

(cm)입니다.

2단계 삼각형 ㄱㄴㄷ의 넓이는

☐ × ☐ ÷ ☐ = ☐ (cm²)입니다.

1-1

삼각형 ㄱㄴㄷ의 둘레가 65 cm일 때 넓이는 몇 cm²인지 구해 보세요.

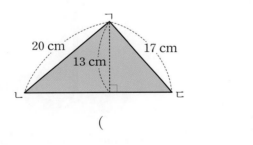

( )

1-2

삼각형 ㄱㄴㄷ의 둘레가 60 cm일 때 넓이는 몇 cm²인지 구해 보세요.

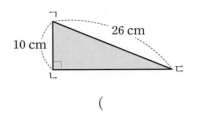

( )

1-3

삼각형 ㄱㄴㄷ의 넓이가 133 cm²일 때 둘레는 몇 cm인지 구해 보세요.

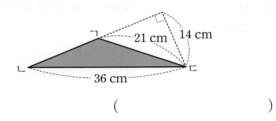

( )

1-4

삼각형 ㄱㄴㄷ의 넓이가 144 cm²일 때 둘레는 몇 cm인지 구해 보세요.

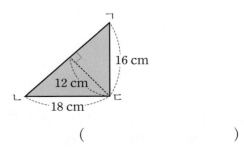

( )

대표 응용 2

도형의 넓이가 같을 때 선분의 길이 구하기

삼각형 가와 나의 넓이가 같을 때 삼각형 나의 높이는 몇 **cm**인지 구해 보세요.

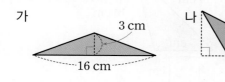

해결하기

1단계 삼각형 가의 넓이는

$$\boxed{} \times \boxed{} \div \boxed{} = \boxed{} \ (\text{cm}^2)\text{입니다.}$$

2단계 삼각형 나의 높이를 ■ cm라 하면

$$\boxed{} \times ■ \div \boxed{} = \boxed{} \ ,$$

$$\boxed{} \times ■ = \boxed{} \ , \ ■ = \boxed{} \ \text{입니다.}$$

3단계 삼각형 나의 높이는 $\boxed{}$ cm입니다.

2-1

삼각형 가와 나의 넓이가 같을 때 삼각형 나의 높이는 몇 **cm**인지 구해 보세요.

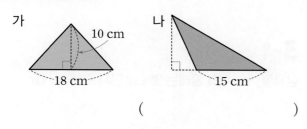

(   )

2-2

두 삼각형의 넓이가 같을 때 □ 안에 알맞은 수를 써넣으세요.

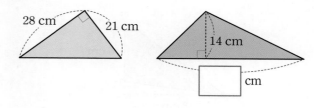

2-3

두 삼각형의 넓이가 같을 때 □ 안에 알맞은 수를 써넣으세요.

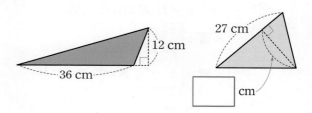

2-4

삼각형과 평행사변형의 넓이가 같을 때 평행사변형의 둘레는 몇 **cm**인지 구해 보세요.

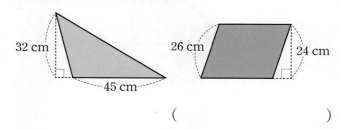

(   )

넓이를 이용하여 선분의 길이 구하기

삼각형 ㄱㄴㄷ에서 선분 ㄷㄹ은 몇 cm인지 구해 보세요.

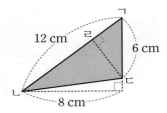

12 cm · 6 cm · 8 cm

해결하기

1단계 밑변의 길이가 6 cm일 때 높이는 8 cm이므로 삼각형 ㄱㄴㄷ의 넓이는

□ × □ ÷ □ = □ (cm²)입니다.

2단계 밑변의 길이가 12 cm일 때 높이는 선분 ㄷㄹ이므로 선분 ㄷㄹ을 ■ cm라 하면

□ × ■ ÷ □ = □,

□ × ■ = □, ■ = □ 입니다.

3단계 선분 ㄷㄹ은 □ cm입니다.

3-1

삼각형 ㄱㄴㄷ에서 선분 ㄷㄹ은 몇 cm인지 구해 보세요.

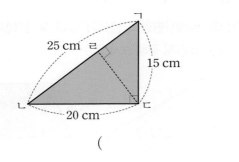

25 cm · 15 cm · 20 cm

( )

3-2

□ 안에 알맞은 수를 써넣으세요.

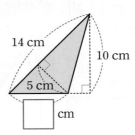

14 cm · 10 cm · 5 cm · cm

3-3

□ 안에 알맞은 수를 써넣으세요.

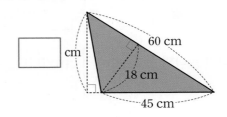

cm · 60 cm · 18 cm · 45 cm

3-4

삼각형 ㄱㄴㄷ의 둘레는 몇 cm인지 구해 보세요.

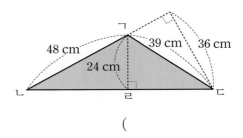

48 cm · 39 cm · 36 cm · 24 cm

( )

|||||||||||||||||||||||||||||||||||||||||||||

대표 응용
4

색칠한 부분의 넓이 구하기

색칠한 부분의 넓이는 몇 cm^2인지 구해 보세요.

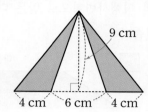

해결하기

1단계 색칠한 삼각형 2개는 밑변의 길이가 ▢ cm,

높이가 ▢ cm로 같습니다.

2단계 색칠한 삼각형 1개의 넓이는

▢ × ▢ ÷ ▢ = ▢ (cm^2)입니다.

3단계 색칠한 부분의 넓이는

▢ × ▢ = ▢ (cm^2)입니다.

4-1

색칠한 부분의 넓이는 몇 cm^2인지 구해 보세요.

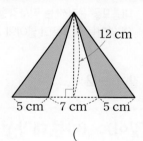

(　　　　　　　)

4-2

색칠한 부분의 넓이는 몇 cm^2인지 구해 보세요.

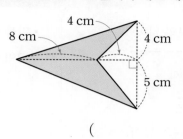

(　　　　　　　)

4-3

색칠한 부분의 넓이는 몇 cm^2인지 구해 보세요.

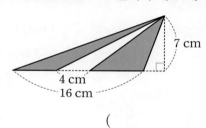

(　　　　　　　)

4-4

한 변의 길이가 12 cm인 정사각형에서 색칠한 부분의
넓이는 몇 cm^2인지 구해 보세요.

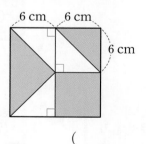

(　　　　　　　)

6. 마름모의 넓이

개념 1 마름모의 넓이(1)

• 평행사변형의 넓이

(평행사변형의 넓이)

＝(밑변의 길이)×(높이)

• 직사각형의 넓이

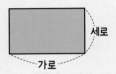

(직사각형의 넓이)

＝(가로)×(세로)

새로 배울 **마름모의 넓이**(1)

• 마름모의 넓이를 구할 때 마름모를 잘라 평행사변형으로 만든 다음 평행사변형의 넓이 구하는 방법을 이용하여 구할 수 있습니다.

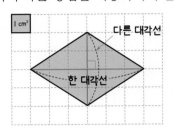

평행사변형의 밑변의 길이는 마름모의 한 대각선의 길이와 같고, 평행사변형의 높이는 마름모의 다른 대각선의 길이의 반과 같습니다.

(마름모의 넓이)

＝(만들어진 평행사변형의 넓이)

＝(밑변의 길이)×(높이)

＝(한 대각선의 길이)×(다른 대각선의 길이)÷2

• 마름모의 넓이를 구할 때 마름모를 둘러싸는 직사각형을 그려서 직사각형의 넓이 구하는 방법을 이용하여 구할 수 있습니다.

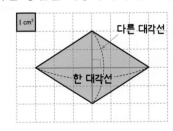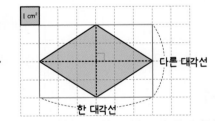

(마름모의 넓이)

＝(그린 직사각형의 넓이)의 반

＝(가로)×(세로)÷2

＝(한 대각선의 길이)×(다른 대각선의 길이)÷2

마름모를 둘러싸는 직사각형을 그리면 직사각형의 넓이는 마름모의 넓이의 2배와 같아요.

(마름모의 넓이)＝(한 대각선의 길이)×(다른 대각선의 길이)÷2

마름모를 잘라 평행사변형으로 만들기	➡	(평행사변형의 넓이) =(밑변의 길이)×(높이)	➘	
마름모를 둘러싸는 직사각형 그리기	➡	(직사각형의 넓이) =(가로)×(세로)	➚	(마름모의 넓이) =(한 대각선의 길이)×(다른 대각선의 길이)÷2

개념 2 마름모의 넓이(2)

이미 배운 도형의 넓이

• 직사각형의 넓이

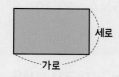

(직사각형의 넓이)
= (가로) × (세로)

• 삼각형의 넓이

(삼각형의 넓이)
= (밑변의 길이) × (높이) ÷ 2

새로 배울 마름모의 넓이(2)

• 마름모의 넓이를 구할 때 마름모를 잘라 직사각형으로 만든 다음 직사각형의 넓이 구하는 방법을 이용하여 구할 수 있습니다.

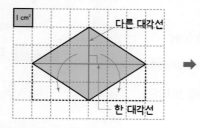 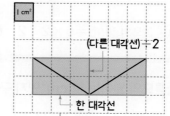

└ 직사각형의 가로는 마름모의 한 대각선의 길이와 같고, 직사각형의 세로는 마름모의 다른 대각선의 길이의 반과 같습니다.

(마름모의 넓이)

= (만들어진 직사각형의 넓이)

= (가로) × (세로)

= (한 대각선의 길이) × (다른 대각선의 길이) ÷ 2

• 마름모의 넓이를 구할 때 삼각형으로 나누어 삼각형의 넓이 구하는 방법을 이용하여 구할 수 있습니다.

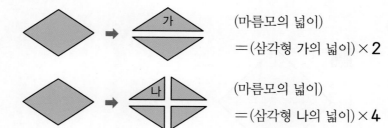

(마름모의 넓이)
= (삼각형 가의 넓이) × 2

(마름모의 넓이)
= (삼각형 나의 넓이) × 4

| 마름모를 잘라 직사각형으로 만들기 | → | (직사각형의 넓이) = (가로) × (세로) | → | (마름모의 넓이) = (한 대각선의 길이) × (다른 대각선의 길이) ÷ 2 |

[넓이가 같은 마름모 알아보기]

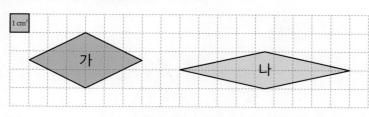

> 마름모의 한 대각선의 길이와 다른 대각선의 길이의 곱이 같으면 모양이 달라도 넓이는 같아요.

(마름모 가의 넓이) = $6 \times 3 \div 2 = 9 \, (cm^2)$

(마름모 나의 넓이) = $9 \times 2 \div 2 = 9 \, (cm^2)$

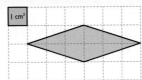

수해력을 확인해요

• 1 cm²를 이용하여 마름모의 넓이 구하기

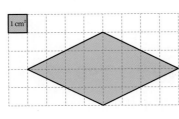

(마름모의 넓이)＝6×2÷2＝6 (cm²)

• 마름모의 넓이 구하기

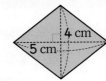

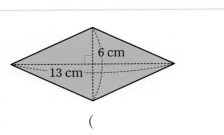

(마름모의 넓이)
＝5×4÷2＝10 (cm²)

01~04 마름모의 넓이는 몇 cm²인지 구해 보세요.

05~08 마름모의 넓이는 몇 cm²인지 구해 보세요.

01

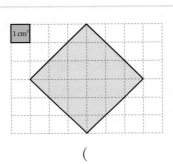

(   )

02

(   )

03

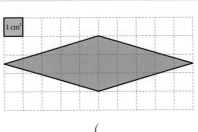

(   )

04

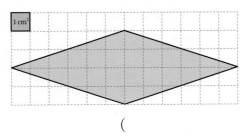

(   )

05

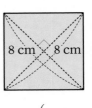

(   )

06

(   )

07

(   )

08

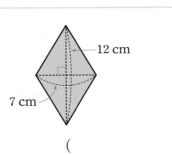

(   )

• 삼각형의 넓이를 이용하여 마름모의 넓이 구하기

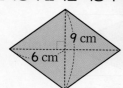

(마름모의 넓이)
$=$(삼각형의 넓이)$\times 2$
$=(9\times 6 \div 2)\times 2$
$=27\times 2=54\,(cm^2)$

• 넓이가 주어졌을 때 마름모의 대각선의 길이 구하기

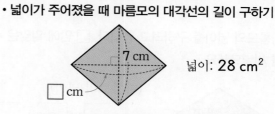

넓이: $28\,cm^2$

$\square \times 7 \div 2 = 28$, $\square \times 7 = 56$, $\square = 8$

09~12 마름모의 넓이는 몇 cm^2인지 구해 보세요.

09

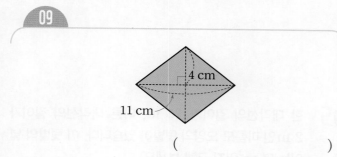

( )

10

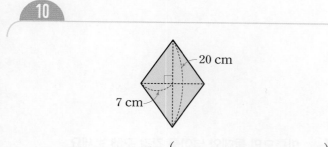

( )

11

( )

12

( )

13~16 마름모의 넓이가 다음과 같을 때 $\square$ 안에 알맞은 수를 써넣으세요.

13

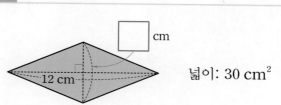

넓이: $30\,cm^2$

14

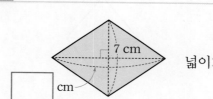

넓이: $35\,cm^2$

15

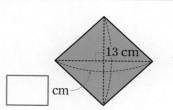

넓이: $91\,cm^2$

16

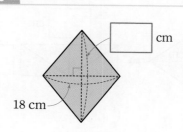

넓이: $198\,cm^2$

01 마름모의 넓이를 구하려고 합니다. □ 안에 알맞은 수를 써넣으세요.

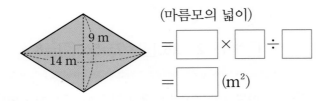

(마름모의 넓이)

= □ × □ ÷ □

= □ (m²)

02 색칠한 삼각형의 넓이가 36 cm²일 때 마름모의 넓이는 몇 cm²인지 구해 보세요.

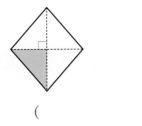

( )

03 마름모를 잘라 직사각형을 만들었습니다. □ 안에 알맞은 수를 써넣고, 마름모의 넓이는 몇 cm²인지 구해 보세요.

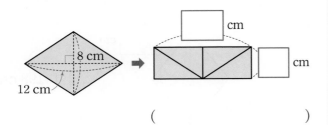

( )

04 마름모의 넓이는 몇 cm²인지 구해 보세요.

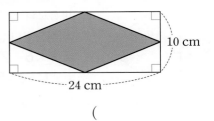

( )

05 한 대각선의 길이가 15 m, 다른 대각선의 길이가 2 m인 마름모 모양의 텃밭이 있습니다. 이 텃밭의 넓이는 몇 m²인지 구해 보세요.

( )

06 마름모의 둘레와 넓이를 각각 구해 보세요.

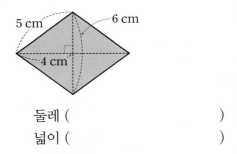

둘레 ( )

넓이 ( )

07 마름모의 두 대각선의 길이를 나타낸 것입니다. 넓이가 더 넓은 마름모를 찾아 기호를 써 보세요.

| ㉠ 7 cm, 18 cm | ㉡ 10 cm, 11 cm |

( )

08 마름모의 넓이가 다음과 같을 때 □ 안에 알맞은 수를 써넣으세요.

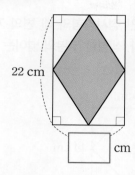

22 cm

넓이: 154 cm²

☐ cm

09 넓이가 8 cm²인 마름모를 서로 <u>다른</u> 모양으로 2개 그려 보세요.

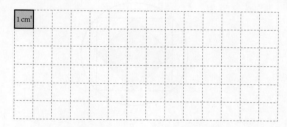

1 cm²

10 큰 마름모 안에 각각의 대각선의 길이의 반을 대각선으로 하는 작은 마름모를 그렸습니다. 색칠한 부분의 넓이는 몇 m²인지 구해 보세요.

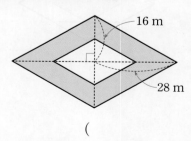

16 m

28 m

(   )

11 실생활 활용

상효는 전통 놀이 시간에 마름모 모양의 가오리연을 만들었습니다. 가오리연의 몸통의 넓이가 2000 cm² 일 때 다른 대각선의 길이는 몇 cm인지 구해 보세요.

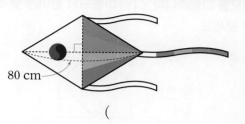

80 cm

(   )

12 교과 융합

아가일 체크는 격자 무늬의 하나로 여러 가지 색깔로 된 마름모 모양의 무늬입니다. 마름모의 긴 대각선의 길이가 짧은 대각선의 길이의 2배일 때 파란색 아가일 무늬 2개의 넓이의 합은 몇 cm²인지 구해 보세요.

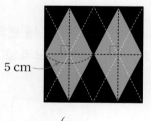

5 cm

(   )

대표 응용 1

도형 안에 그린 마름모의 넓이 구하기

둘레가 32 cm인 정사각형의 네 변의 가운데를 이어 마름모를 그렸습니다. 그린 마름모의 넓이는 몇 cm²인지 구해 보세요.

해결하기

1단계 정사각형은 네 변의 길이가 모두 같으므로 한 변의 길이는 ☐ ÷ ☐ = ☐ (cm)입니다.

2단계 마름모의 두 대각선의 길이는 정사각형의 한 변의 길이와 같으므로 각각 ☐ cm입니다.

3단계 그린 마름모의 넓이는
☐ × ☐ ÷ ☐ = ☐ (cm²)입니다.

1-1

둘레가 48 cm인 정사각형의 네 변의 가운데를 이어 마름모를 그렸습니다. 그린 마름모의 넓이는 몇 cm²인지 구해 보세요.

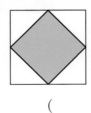

( )

1-2

한 변의 길이가 14 cm인 정사각형의 네 변의 가운데를 이어 마름모를 그렸습니다. 색칠한 부분의 넓이는 몇 cm²인지 구해 보세요.

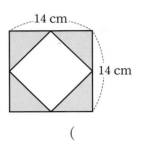

14 cm

14 cm

( )

1-3

지름이 24 cm인 원 안에 가장 큰 정사각형을 그리고 정사각형의 네 변의 가운데를 이어 마름모를 그렸습니다. 색칠한 마름모의 넓이는 몇 cm²인지 구해 보세요.

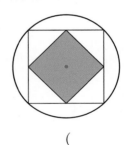

( )

1-4

마름모의 네 변의 가운데를 이어 직사각형을 그리고 직사각형의 네 변의 가운데를 이어 마름모를 그렸습니다. 가장 큰 마름모의 두 대각선의 길이가 각각 36 cm, 20 cm일 때 색칠한 마름모의 넓이는 몇 cm²인지 구해 보세요.

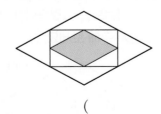

( )

대표 응용 2

도형의 넓이가 같을 때 선분의 길이 구하기

직사각형과 마름모의 넓이가 같을 때 마름모의 다른 대각선의 길이는 몇 cm인지 구해 보세요.

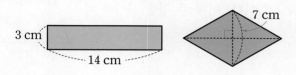

해결하기

1단계 직사각형의 넓이는

$\boxed{} \times \boxed{} = \boxed{}$ (cm²)입니다.

2단계 마름모의 다른 대각선의 길이를 ■ cm라 하면

■ × $\boxed{}$ ÷ $\boxed{}$ = $\boxed{}$,

■ × $\boxed{}$ = $\boxed{}$, ■ = $\boxed{}$ 입니다.

3단계 마름모의 다른 대각선의 길이는 $\boxed{}$ cm입니다.

2-1

정사각형과 마름모의 넓이가 같을 때 마름모의 다른 대각선의 길이는 몇 cm인지 구해 보세요.

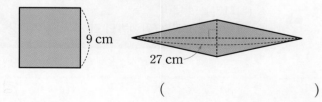

( )

2-2

평행사변형과 마름모의 넓이가 같을 때 마름모의 다른 대각선의 길이는 몇 cm인지 구해 보세요.

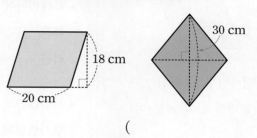

( )

2-3

삼각형과 마름모의 넓이가 같을 때 마름모의 다른 대각선의 길이는 몇 cm인지 구해 보세요.

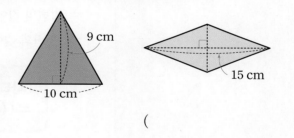

( )

2-4

마름모 가와 나의 넓이가 같을 때 □ 안에 알맞은 수를 써넣으세요.

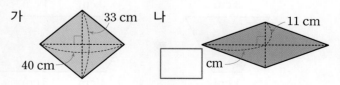

7. 사다리꼴의 넓이

개념 1 사다리꼴의 넓이(1)

이미 배운 평행사변형의 넓이

(평행사변형의 넓이)

＝(밑변의 길이)×(높이)

새로 배울 사다리꼴의 넓이(1)

- 사다리꼴에서 평행한 두 변을 밑변이라 하고, 한 밑변을 윗변, 다른 한 밑변을 아랫변이라고 합니다. 이때 두 밑변 사이의 거리를 높이라고 합니다.

- 사다리꼴의 넓이를 구할 때 사다리꼴 2개를 이용하여 평행사변형으로 만든 다음 평행사변형의 넓이 구하는 방법을 이용하여 구할 수 있습니다.

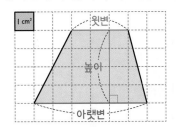 →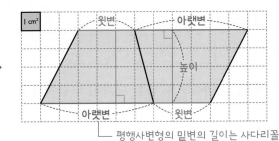

└ 평행사변형의 밑변의 길이는 사다리꼴의 윗변과 아랫변의 길이의 합과 같고, 평행사변형의 높이는 사다리꼴의 높이와 같습니다.

(사다리꼴의 넓이)

＝(만들어진 평행사변형의 넓이)÷2

＝(밑변의 길이)×(높이)÷2

＝((윗변의 길이)＋(아랫변의 길이))×(높이)÷2

> **(사다리꼴의 넓이)**
> **＝((윗변의 길이)＋(아랫변의 길이))×(높이)÷2**

사다리꼴을 2개 붙여 평행사변형으로 만들기 ➡ (평행사변형의 넓이) =(밑변의 길이)×(높이) ➡ (사다리꼴의 넓이) =((윗변의 길이)+(아랫변의 길이))×(높이)÷2

[사다리꼴의 넓이 구하기]

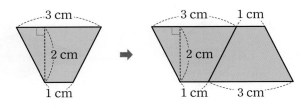

만들어진 평행사변형의 밑변의 길이는 4 cm, 높이는 2 cm예요.

(사다리꼴의 넓이)＝(만들어진 평행사변형의 넓이)÷2

＝((윗변의 길이)＋(아랫변의 길이))×(높이)÷2

＝(3＋1)×2÷2＝4 (cm²)

개념 2 사다리꼴의 넓이(2)

이미 배운 도형의 넓이

• 평행사변형의 넓이

(평행사변형의 넓이)

＝(밑변의 길이)×(높이)

• 삼각형의 넓이

(삼각형의 넓이)

＝(밑변의 길이)×(높이)÷2

• 직사각형의 넓이

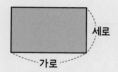

(직사각형의 넓이)

＝(가로)×(세로)

새로 배울 사다리꼴의 넓이(2)

• 사다리꼴의 넓이를 구할 때 사다리꼴을 잘라 평행사변형으로 만든 다음 평행사변형의 넓이 구하는 방법을 이용하여 구할 수 있습니다.

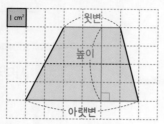 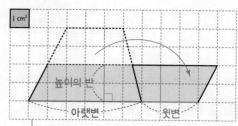

└ 평행사변형의 밑변의 길이는 사다리꼴의 윗변과 아랫변의 길이의 합과 같고, 평행사변형의 높이는 사다리꼴의 높이의 반과 같습니다.

(사다리꼴의 넓이)

＝(만들어진 평행사변형의 넓이)

＝(밑변의 길이)×(사다리꼴의 높이)의 반

＝((윗변의 길이)＋(아랫변의 길이))×(높이)÷2

• 사다리꼴의 넓이를 구할 때 여러 가지 도형으로 나누어 구할 수 있습니다.

(사다리꼴의 넓이)

＝(평행사변형 가의 넓이)＋(삼각형 나의 넓이)

(사다리꼴의 넓이)

＝(삼각형 가의 넓이)＋(삼각형 나의 넓이)

(사다리꼴의 넓이)

＝(삼각형 가의 넓이)＋(직사각형 나의 넓이)

＋(삼각형 다의 넓이)

| 사다리꼴을 잘라 평행사변형으로 만들기 | ➡ | (평행사변형의 넓이) =(밑변의 길이)×(높이) | ➡ | (사다리꼴의 넓이) =((윗변의 길이)+(아랫변의 길이))×(높이)÷2 |

[넓이가 같은 사다리꼴 알아보기]

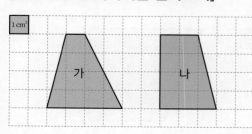

(사다리꼴 가의 넓이)＝(1＋4)×4÷2

＝10(cm²)

(사다리꼴 나의 넓이)＝(2＋3)×4÷2

＝10(cm²)

사다리꼴의 윗변과 아랫변을 더한 길이와 높이가 같으면 모양이 달라도 넓이는 같아요.

수해력을 확인해요

• 사다리꼴의 높이 표시하기

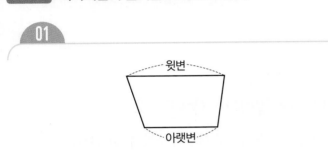

• 1 cm²를 이용하여 사다리꼴의 넓이 구하기

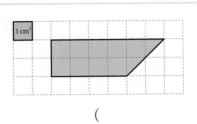

(사다리꼴의 넓이)
$= (2+4) \times 3 \div 2 = 9 \ (cm^2)$

01~04 사다리꼴의 높이를 표시해 보세요.

05~08 사다리꼴의 넓이는 몇 cm²인지 구해 보세요.

01

05

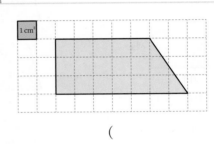

(   )

02

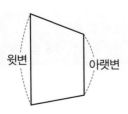

06

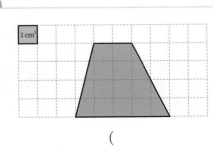

(   )

03

07

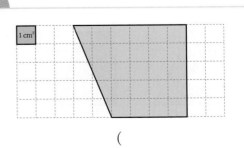

(   )

04

08

(   )

• 사다리꼴의 넓이 구하기

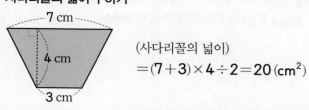

(사다리꼴의 넓이)
$=(7+3)×4÷2=20\,(cm^2)$

• 넓이가 주어졌을 때 사다리꼴의 높이 구하기

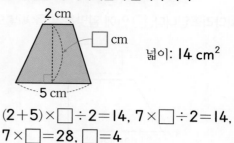

넓이: $14\,cm^2$

$(2+5)×\square÷2=14,\ 7×\square÷2=14,$
$7×\square=28,\ \square=4$

09~12 사다리꼴의 넓이는 몇 cm^2인지 구해 보세요.

09

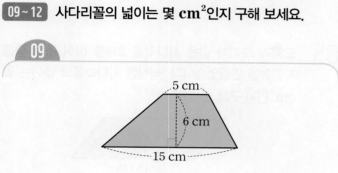

(   )

10

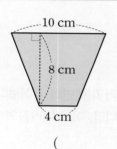

(   )

11

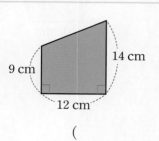

(   )

12

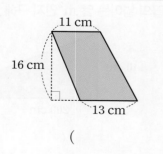

(   )

13~16 사다리꼴의 넓이가 다음과 같을 때 $\square$ 안에 알맞은 수를 써넣으세요.

13

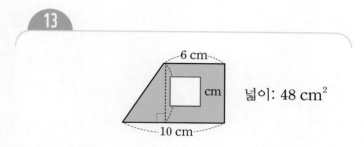

넓이: $48\,cm^2$

14

넓이: $55\,cm^2$

15

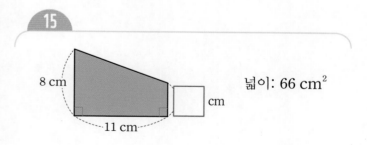

넓이: $66\,cm^2$

16

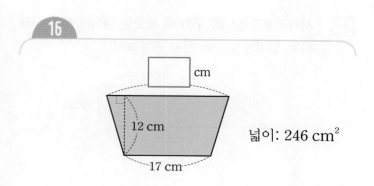

넓이: $246\,cm^2$

01 사다리꼴입니다. □ 안에 알맞은 말을 써넣으세요.

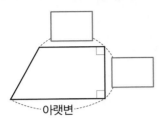

아랫변

02 사다리꼴의 넓이를 구하려고 합니다. □ 안에 알맞은 수를 써넣으세요.

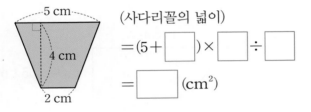

(사다리꼴의 넓이)

$= (5 + \boxed{}) \times \boxed{} \div \boxed{}$

$= \boxed{}$ (cm²)

03 사다리꼴의 넓이를 구할 때 필요한 길이에 모두 ○표 하고, 넓이는 몇 cm²인지 구해 보세요.

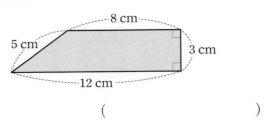

( )

04 윗변의 길이가 11 m, 아랫변의 길이가 9 m, 높이가 17 m인 사다리꼴의 넓이는 몇 m²인지 구해 보세요.

( )

05 모양과 크기가 같은 사다리꼴 2개를 이어 붙여 평행 사변형을 만들었습니다. 색칠한 사다리꼴의 넓이는 몇 cm²인지 구해 보세요.

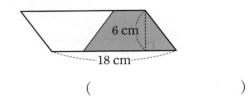

( )

06 윗변의 길이가 아랫변의 길이보다 4 cm 더 긴 사다 리꼴이 있습니다. 이 사다리꼴의 넓이는 몇 cm²인지 구해 보세요.

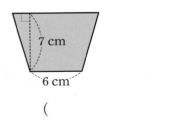

( )

07 사다리꼴의 넓이는 몇 m²인지 구해 보세요.

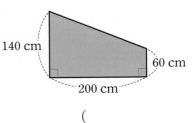

( )

08 사다리꼴 가와 나의 넓이의 합은 몇 cm²인지 구해 보세요.

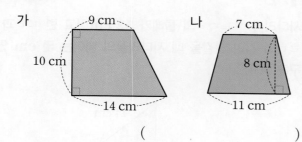

( )

09 사다리꼴의 넓이가 117 cm²일 때 아랫변의 길이는 몇 cm인지 구해 보세요.

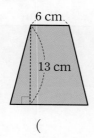

( )

10 주어진 사다리꼴과 넓이가 같고 모양이 다른 사다리꼴을 1개 그려 보세요.

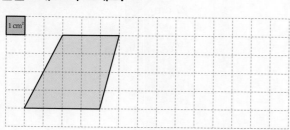

11 **실생활 활용** |||||||||||||||||||||||||||

연수는 선물을 포장하기 위해 직사각형 모양의 포장지를 그림과 같이 자르려고 합니다. 잘랐을 때 생기는 사다리꼴 모양 포장지의 넓이는 몇 cm²인지 구해 보세요.

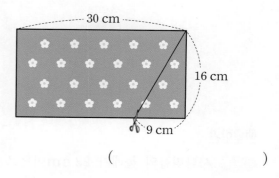

( )

12 **교과 융합** |||||||||||||||||||||||||||

숭례문은 조선 시대의 수도인 한양의 남쪽 성문으로 남대문이라고도 부릅니다. 1962년 국보로 지정되었으며 정식 명칭은 서울 숭례문입니다. 숭례문을 보고 그린 도형 전체의 넓이는 몇 cm²인지 구해 보세요.

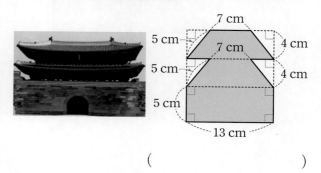

( )

수해력을 완성해요

대표 응용 1 둘레(넓이)가 주어졌을 때 넓이(둘레) 구하기

사다리꼴의 둘레가 23 cm일 때 넓이는 몇 cm^2인지 구해 보세요.

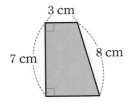

3 cm
7 cm
8 cm

해결하기

1단계 사다리꼴의 둘레가 23 cm이므로 나머지 한 변의 길이는

$23 - 7 - \boxed{} - \boxed{} = \boxed{}$ (cm)입니다.

2단계 사다리꼴의 넓이는

$(\boxed{} + \boxed{}) \times \boxed{} \div \boxed{} = \boxed{}$ (cm^2) 입니다.

1-1

사다리꼴의 둘레가 34 cm일 때 넓이는 몇 cm^2인지 구해 보세요.

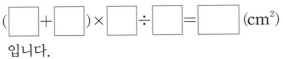

11 cm
5 cm
15 cm

( )

1-2

사다리꼴 ㄱㄴㄷㄹ의 둘레가 52 cm이고 변 ㄴㄷ과 변 ㄹㄷ의 길이가 같을 때 사다리꼴의 넓이는 몇 cm^2인지 구해 보세요.

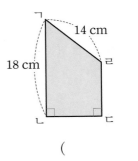

14 cm
18 cm
ㄱ ㄹ
ㄴ ㄷ

( )

1-3

사다리꼴의 넓이가 63 cm^2일 때 둘레는 몇 cm인지 구해 보세요.

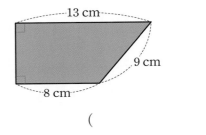

13 cm
9 cm
8 cm

( )

1-4

사다리꼴의 넓이가 378 cm^2일 때 둘레는 몇 cm인지 구해 보세요.

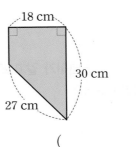

18 cm
30 cm
27 cm

( )

대표 응용 2
도형의 넓이가 같을 때 선분의 길이 구하기

직사각형과 사다리꼴의 넓이가 같을 때 사다리꼴의 높이는 몇 **cm**인지 구해 보세요.

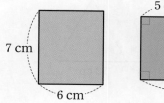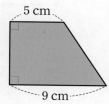

해결하기

1단계 직사각형의 넓이는

$$\boxed{} \times \boxed{} = \boxed{} \text{(cm}^2)\text{입니다.}$$

2단계 사다리꼴의 높이를 ■ cm라 하면

$$(5+\boxed{}) \times \blacksquare \div \boxed{} = \boxed{},$$

$$\boxed{} \times \blacksquare \div \boxed{} = \boxed{},$$

$$\boxed{} \times \blacksquare = \boxed{}, \blacksquare = \boxed{} \text{입니다.}$$

3단계 사다리꼴의 높이는 $\boxed{}$ cm입니다.

2-1

평행사변형과 사다리꼴의 넓이가 같을 때 사다리꼴의 높이는 몇 **cm**인지 구해 보세요.

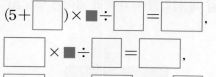

(   )

2-2

사다리꼴과 정사각형의 넓이가 같을 때 정사각형의 한 변의 길이는 몇 **cm**인지 구해 보세요.

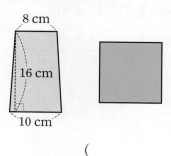

(   )

2-3

삼각형과 사다리꼴의 넓이가 같을 때 □ 안에 알맞은 수를 써넣으세요.

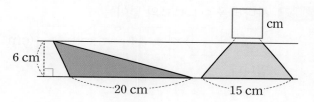

2-4

사다리꼴 ㄱㄴㄷㄹ을 선분 ㄹㅁ으로 나누었더니 도형 ㉮와 ㉯의 넓이가 같았습니다. 선분 ㄴㅁ은 몇 **cm**인지 구해 보세요.

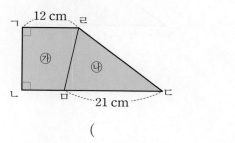

(   )

대표 응용
3

높이를 구하여 사다리꼴의 넓이 구하기

삼각형 ㄱㄴㅁ의 넓이가 $12\ cm^2$일 때 사다리꼴 ㄱㄴㄷㄹ의 넓이는 몇 cm^2인지 구해 보세요.

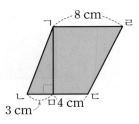

해결하기

1단계 ㅣ 삼각형 ㄱㄴㅁ의 넓이가 $12\ cm^2$이므로 선분 ㄱㅁ을 ■ cm라 하면

$$\boxed{} \times ■ \div \boxed{} = \boxed{},$$

$$\boxed{} \times ■ = \boxed{}, \ ■ = \boxed{} \text{입니다.}$$

2단계 ㅣ 사다리꼴 ㄱㄴㄷㄹ의 넓이는

$$\left(\boxed{} + \boxed{}\right) \times \boxed{} \div \boxed{} = \boxed{} \ (cm^2)$$
입니다.

3-1

삼각형 ㄱㄷㄹ의 넓이가 $24\ cm^2$일 때 사다리꼴 ㄱㄴㄷㄹ의 넓이는 몇 cm^2인지 구해 보세요.

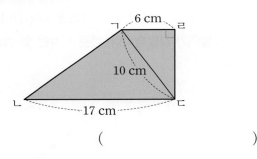

(   )

3-2

삼각형 ㄹㅁㄷ의 넓이가 $72\ cm^2$일 때 사다리꼴 ㄱㄴㄷㄹ의 넓이는 몇 cm^2인지 구해 보세요.

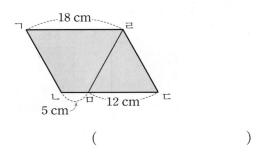

(   )

3-3

직사각형 ㄱㄴㄷㄹ에서 사다리꼴 ㄱㄴㅁㄹ의 넓이가 $115\ cm^2$일 때 삼각형 ㄹㅁㄷ의 넓이는 몇 cm^2인지 구해 보세요.

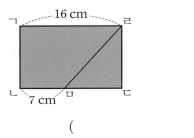

(   )

3-4

사다리꼴 ㄱㄴㄷㄹ의 넓이는 몇 cm^2인지 구해 보세요.

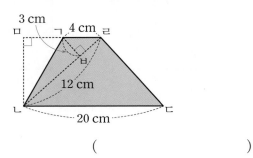

(   )

대표 응용 4 색칠한 부분의 넓이 구하기

색칠한 부분의 넓이는 몇 cm^2인지 구해 보세요.

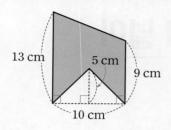

해결하기

1단계 사다리꼴의 넓이는

$(13 + \boxed{}) \times \boxed{} \div 2 = \boxed{}$ (cm^2)

입니다.

2단계 삼각형의 넓이는

$\boxed{} \times \boxed{} \div \boxed{} = \boxed{}$ (cm^2)입니다.

3단계 (색칠한 부분의 넓이)

　　＝(사다리꼴의 넓이)－(삼각형의 넓이)

　　＝$\boxed{}$－$\boxed{}$＝$\boxed{}$ (cm^2)

4-1

색칠한 부분의 넓이는 몇 cm^2인지 구해 보세요.

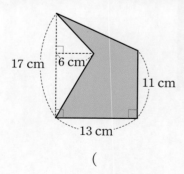

(　　　　　　　)

4-2

색칠한 부분의 넓이는 몇 cm^2인지 구해 보세요.

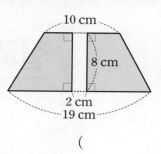

(　　　　　　　)

4-3

도형의 넓이는 몇 cm^2인지 구해 보세요.

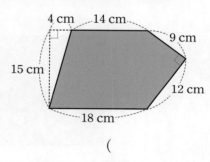

(　　　　　　　)

4-4

색칠한 부분의 넓이는 몇 cm^2인지 구해 보세요.

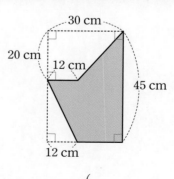

(　　　　　　　)

칠교놀이 속 도형의 넓이

칠교놀이는 7개의 나무 조각을 이리저리 움직여 여러 가지 모양을 만드는 놀이입니다. 칠교라는 이름은 나무판이 7개로 이루어진 것에서 붙여졌으며 옛날에는 집에 손님이 왔을 때 사람을 기다리거나 음식을 준비하는 동안 지루하지 않도록 이것을 내놓았다고 합니다. 칠교놀이는 중국에서 처음 시작되어 우리나라에 전파되었고, 19세기 초에는 미국과 유럽에 전해져 '탱그램'이라고 불리게 되었습니다.

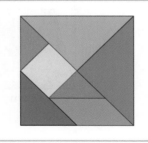

칠교판은 정사각형 모양의 나무판을 직각삼각형 큰 것 2개, 중간 것 1개, 작은 것 2개, 그리고 정사각형과 평행사변형이 각각 1개가 되도록 잘라 낸 조각들로 이루어져 있습니다.

활동 1 빨간색 삼각형 조각의 넓이를 1이라고 할 때 다른 조각들의 넓이를 각 조각 위에 써 보세요.

활동 2 칠교판의 한 변의 길이가 **20 cm**일 때 각 조각들의 넓이를 구하려고 합니다. 물음에 답하세요.

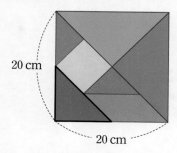

20 cm

20 cm

(1) 파란색 삼각형 조각의 넓이는 몇 cm²인지 구해 보세요.

(   )

(2) 각 조각들의 넓이를 구하여 빈칸에 알맞게 써넣으세요.

조각	넓이(cm²)

02 단원

합동과 대칭

❓ 등장하는 주요 **수학 어휘**

합동 , 대응점 , 대응변 , 대응각 , 선대칭도형 , 대칭축 ,
점대칭도형 , 대칭의 중심

1 도형의 합동, 합동인 도형의 성질   학습 계획: 월   일

개념 1 도형의 합동
개념 2 합동인 도형 만들기
개념 3 대응점, 대응변, 대응각
개념 4 합동인 도형의 성질

2 선대칭도형과 그 성질   연습 강화   학습 계획: 월   일

개념 1 선대칭도형
개념 2 선대칭도형의 성질

3 점대칭도형과 그 성질   연습 강화   학습 계획: 월   일

개념 1 점대칭도형
개념 2 점대칭도형의 성질

우리 함께 공원을 꾸며 보자.

나와 지안이는 도화지 위에 물감을 짠 다음 종이를 반으로 접었다 펴서 나비를 만들게.

나는 색종이를 여러 장 겹쳐 잘라 화단을 꾸밀 꽃을 만들게.

쓱 싹
쓱 싹

나는 색종이를 이용해 바람개비를 만들어 공원을 꾸밀게.

여러분이 꾸민 공원에서 찾을 수 있는 도형의 특징은 무엇일까요?

이번 2단원에서는
합동인 도형의 개념과 성질을 알아보고, 선대칭도형과 점대칭도형을 이해하고 그려 볼 거예요.
이전에 배운 평면도형의 이동(밀기, 뒤집기, 돌리기)을 어떻게 확장할지 생각해 보아요.

개념 1 도형의 합동

이미 배운 밀기, 뒤집기, 돌리기

• 도형 밀기

• 도형 뒤집기

• 도형 돌리기

새로 배울 합동

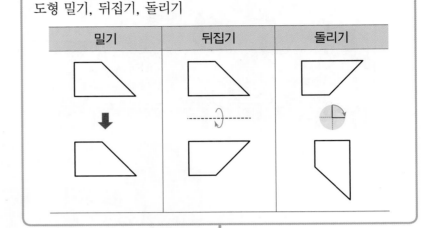

도형 밀기, 뒤집기, 돌리기

밀기	뒤집기	돌리기

도형을 밀기, 뒤집기, 돌리기 해도
도형의 모양과 크기는 변하지 않아요.

도형을 밀기, 뒤집기, 돌리기 하여 포개었을 때
두 도형은 모양과 크기가 같아서 완전히 겹칩니다.

**모양과 크기가 같아서 포개었을 때 완전히 겹치는
두 도형을 서로 합동이라고 합니다.**

모양과 크기가
같은 두 도형 → 포개었을 때 완전히
겹치는 두 도형 → 서로 합동

[서로 합동이 아닌 도형]

모양은 같지만 크기가 다릅니다.

모양과 크기가 다릅니다.

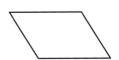

두 도형은 모두 평행사변형이지만
모양과 크기가 다릅니다.

개념 2 합동인 도형 만들기

이미 배운 합동

모양과 크기가 같아서 포개었을 때 완전히 겹치는 두 도형을 서로 합동이라고 합니다.

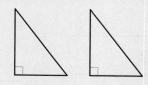

새로 배울 합동인 도형 만들기

직사각형을 잘라 서로 합동인 도형 2개 만들기

(예)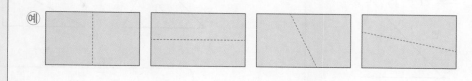

직사각형을 잘라 서로 합동인 도형 4개 만들기

(예)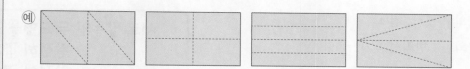

서로 합동인 도형 2개를 만든 후 각 도형을 다시 서로 합동인 도형 2개로 나누면 서로 합동인 도형 4개를 만들 수 있어요.

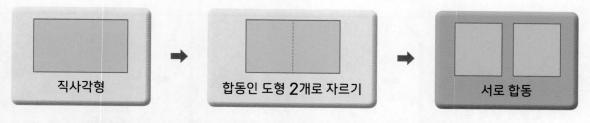

| 직사각형 | ➡ | 합동인 도형 2개로 자르기 | ➡ | 서로 합동 |

💡 서로 합동인 도형으로 자른 조각들은 모양과 크기가 같아서 포개었을 때 완전히 겹칩니다.

[여러 가지 모양의 도형을 잘라 서로 합동인 도형 만들기]

• 서로 합동인 도형 2개 만들기

(예)

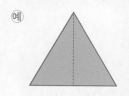 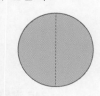  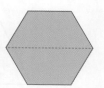

• 서로 합동인 도형 4개 만들기

(예)

  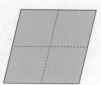 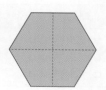

이외에도 여러 가지 방법으로 자를 수 있어요.

개념 3 대응점, 대응변, 대응각

이미 배운 **각**

- 각: 한 점에서 그은 두 반직선
  으로 이루어진 도형

➡ 각 ㄱㄴㄷ 또는 각 ㄷㄴㄱ
- 각의 꼭짓점: 점 ㄴ
- 각의 변: 반직선 ㄴㄱ,
  반직선 ㄴㄷ

읽기 변 ㄴㄱ, 변 ㄴㄷ

새로 배울 대응점, 대응변, 대응각

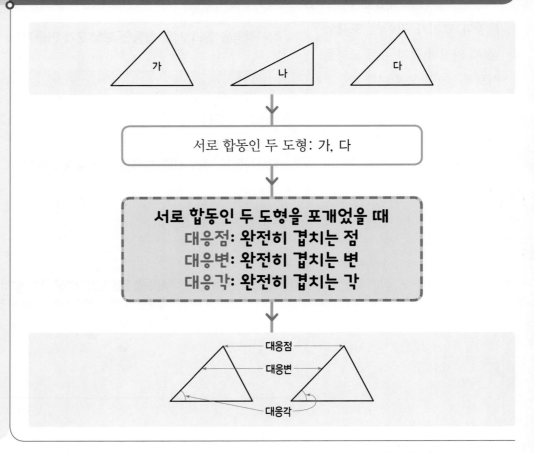

서로 합동인 두 도형: 가, 다

서로 합동인 두 도형을 포개었을 때
대응점: 완전히 겹치는 점
대응변: 완전히 겹치는 변
대응각: 완전히 겹치는 각

서로 합동인 두 도형

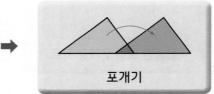
포개기

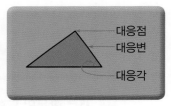
대응점
대응변
대응각

💡 서로 합동인 두 도형을 포개었을 때 완전히 겹치는 점, 변, 각을 각각 대응점, 대응변, 대응각이라고 합니다.

[서로 합동인 두 도형에서 대응점, 대응변, 대응각 찾기]

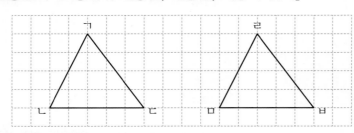

서로 합동인 두 삼각형에서
대응점, 대응변, 대응각은 각각
3쌍 있어요.

대응점	대응변	대응각
점 ㄱ과 점 ㄹ	변 ㄱㄴ과 변 ㄹㅁ	각 ㄱㄴㄷ과 각 ㄹㅁㅂ
점 ㄴ과 점 ㅁ	변 ㄴㄷ과 변 ㅁㅂ	각 ㄴㄷㄱ과 각 ㅁㅂㄹ
점 ㄷ과 점 ㅂ	변 ㄷㄱ과 변 ㅂㄹ	각 ㄷㄱㄴ과 각 ㅂㄹㅁ

^{개념}4 합동인 도형의 성질

이미 배운 대응점, 대응변, 대응각

서로 합동인 두 도형을 포개었을 때

대응점: 완전히 겹치는 점

대응변: 완전히 겹치는 변

대응각: 완전히 겹치는 각

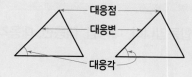

새로 배울 합동인 도형의 성질

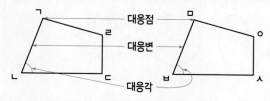

- 서로 합동인 두 도형에서 **각각의 대응변의 길이가 서로 같습니다.**
  - 예 (변 ㄱㄴ)=(변 ㅁㅂ), (변 ㄴㄷ)=(변 ㅂㅅ),
    (변 ㄷㄹ)=(변 ㅅㅇ), (변 ㄹㄱ)=(변 ㅇㅁ)
- 서로 합동인 두 도형에서 **각각의 대응각의 크기가 서로 같습니다.**
  - 예 (각 ㄱㄴㄷ)=(각 ㅁㅂㅅ), (각 ㄴㄷㄹ)=(각 ㅂㅅㅇ),
    (각 ㄷㄹㄱ)=(각 ㅅㅇㅁ), (각 ㄹㄱㄴ)=(각 ㅇㅁㅂ)

서로 합동인 두 도형

각각의 대응변의 길이가 서로 같습니다.　　각각의 대응각의 크기가 서로 같습니다.

[서로 합동인 두 도형에서 대응변의 길이와 대응각의 크기 구하기]

- 서로 합동인 두 삼각형에서 대응변의 길이 구하기

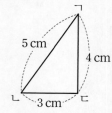
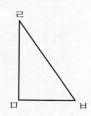

- 변 ㄹㅁ의 대응변은 변 ㄱㄷ이므로 4 cm입니다.
- 변 ㅁㅂ의 대응변은 변 ㄷㄴ이므로 3 cm입니다.
- 변 ㅂㄹ의 대응변은 변 ㄴㄱ이므로 5 cm입니다.

서로 합동인 두 삼각형에서 각각의 대응변의 길이가 서로 같아요.

- 서로 합동인 두 사각형에서 대응각의 크기 구하기

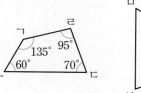
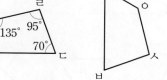

- 각 ㅁㅂㅅ의 대응각은 각 ㄴㄷㄹ이므로 70°입니다.
- 각 ㅂㅅㅇ의 대응각은 각 ㄷㄹㄱ이므로 95°입니다.
- 각 ㅅㅇㅁ의 대응각은 각 ㄹㄱㄴ이므로 135°입니다.
- 각 ㅇㅁㅂ의 대응각은 각 ㄱㄴㄷ이므로 60°입니다.

서로 합동인 두 사각형에서 각각의 대응각의 크기가 서로 같아요.

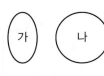

수해력을 확인해요

• 보기의 도형과 서로 합동인 도형 찾기

(나   )

01~04 보기의 도형과 서로 합동인 도형을 찾아 기호를 써 보세요.

01

(   )

02

(   )

03

(   )

04

(   )

• 서로 합동인 두 도형에서 대응점, 대응변, 대응각 찾기

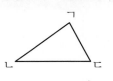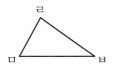

점 ㄱ의 대응점 (점 ㄹ   )
변 ㄴㄷ의 대응변 (변 ㅂㅁ   )
각 ㄱㄷㄴ의 대응각 (각 ㄹㅁㅂ   )

05~07 두 도형은 서로 합동입니다. 대응점, 대응변, 대응각을 각각 찾아 써 보세요.

05

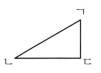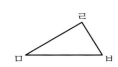

점 ㄱ의 대응점 (   )
변 ㄱㄷ의 대응변 (   )
각 ㄴㄱㄷ의 대응각 (   )

06

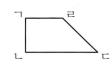

점 ㄴ의 대응점 (   )
변 ㄷㄹ의 대응변 (   )
각 ㄹㄷㄴ의 대응각 (   )

07

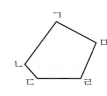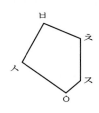

점 ㅂ의 대응점 (   )
변 ㅊㅈ의 대응변 (   )
각 ㅅㅇㅈ의 대응각 (   )

- 서로 합동인 두 도형에서 대응변의 길이 구하기

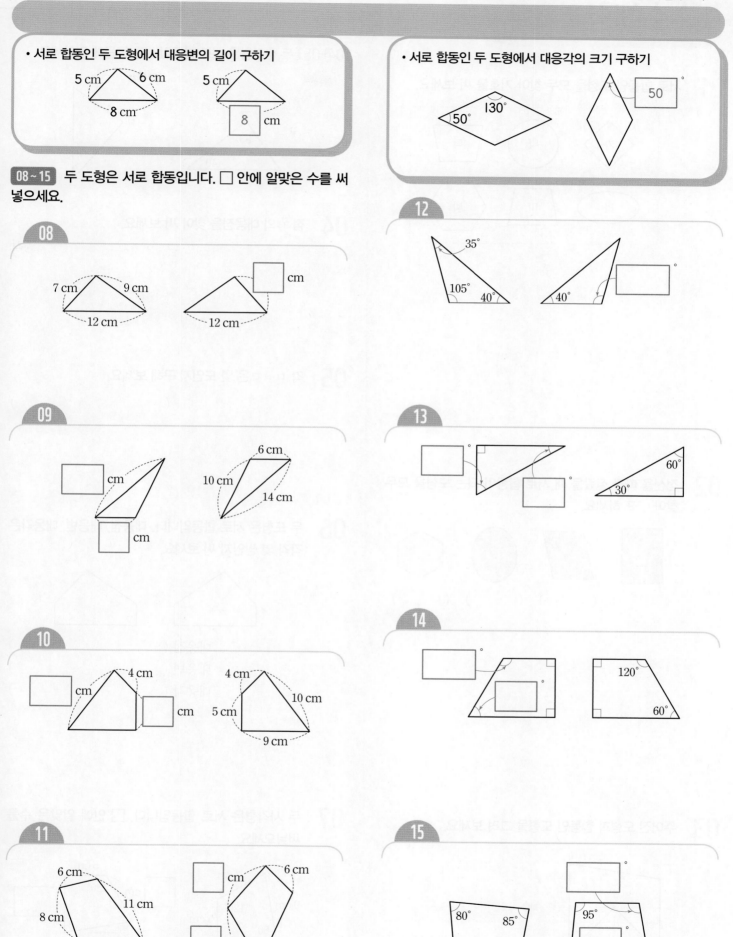

- 서로 합동인 두 도형에서 대응각의 크기 구하기

08~15 두 도형은 서로 합동입니다. □ 안에 알맞은 수를 써 넣으세요.

01 서로 합동인 도형을 모두 찾아 기호를 써 보세요.

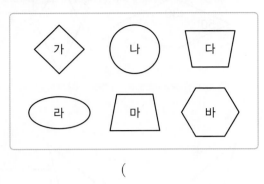

( )

[04~05] 두 삼각형은 서로 합동입니다. 물음에 답하세요.

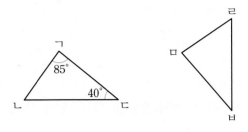

04 점 ㄴ의 대응점을 찾아 써 보세요.

( )

05 각 ㅁㅂㄹ은 몇 도인지 구해 보세요.

( )

02 점선을 따라 잘랐을 때 서로 합동이 되는 도형을 모두 찾아 ○표 하세요.

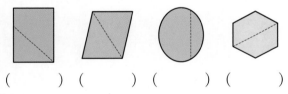

( ) ( ) ( ) ( )

06 두 도형은 서로 합동입니다. 대응점, 대응변, 대응각은 각각 몇 쌍인지 써 보세요.

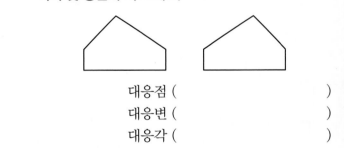

대응점 ( )
대응변 ( )
대응각 ( )

03 주어진 도형과 합동인 도형을 그려 보세요.

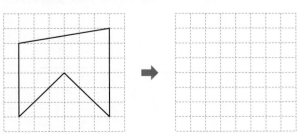

07 두 사각형은 서로 합동입니다. ▢ 안에 알맞은 수를 써넣으세요.

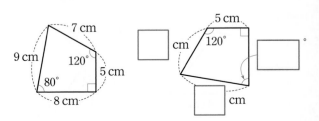

08 삼각형 ㄱㄴㄷ과 삼각형 ㄹㄷㄴ은 서로 합동입니다. 바르게 말한 사람을 모두 찾아 이름을 써 보세요.

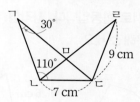

> 경진: 삼각형 ㄱㄴㄷ과 삼각형 ㄹㄷㄴ은 모양과 크기가 같아.
> 민석: 변 ㄱㄴ은 7 cm야.
> 종수: 삼각형 ㄱㄴㅁ과 삼각형 ㄹㄷㅁ은 서로 합동이 아니야.
> 상희: 각 ㄴㄹㄷ은 30°야.

( )

[09~10] 서로 합동인 두 삼각형을 이어 붙여 만든 도형입니다. 물음에 답하세요.

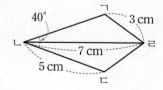

09 변 ㄱㄴ과 변 ㄷㄹ의 길이의 합은 몇 cm인지 구해 보세요.

( )

10 각 ㄱㄴㄹ은 몇 도인지 구해 보세요.

( )

⑪ 실생활 활용 ▮▮▮▮▮▮▮▮▮▮▮▮▮▮▮▮▮▮▮▮

승아네 모둠, 나래네 모둠, 재하네 모둠이 각각 나무 블록에 물감을 묻혀 모양 찍기를 하였습니다. 서로 합동인 블록만 사용하여 작품을 완성한 모둠을 찾아 써 보세요.

승아네 모둠	나래네 모둠	재하네 모둠

( )

⑫ 교과 융합 ▮▮▮▮▮▮▮▮▮▮▮▮▮▮▮▮▮▮▮▮▮▮▮▮▮

피에트 몬드리안은 점, 선, 면을 이용하여 기하학적 그림을 그린 화가입니다. 몬드리안은 직선을 교차해 격자무늬를 만들고 격자무늬 안을 빨강, 파랑, 노랑 등의 색으로 채웠습니다. 몬드리안의 작품을 보고 그린 그림에서 빨간색으로 칠한 두 도형이 서로 합동일 때 직사각형 ㄱㄴㄷㄹ의 넓이는 몇 cm²인지 구해 보세요.

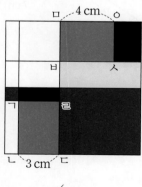

( )

대표 응용
1 서로 합동인 두 도형에서 둘레 구하기

두 삼각형은 서로 합동입니다. 삼각형 ㄱㄴㄷ의 둘레는 몇 cm인지 구해 보세요.

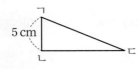 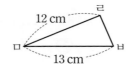

해결하기

1단계 서로 합동인 두 도형에서 대응변의 길이가 서로 같으므로

(변 ㄴㄷ)=(변 □)=□ cm,

(변 ㄷㄱ)=(변 □)=□ cm입니다.

2단계 삼각형 ㄱㄴㄷ의 둘레는

5+□+□=□ (cm)입니다.

1-1

두 삼각형은 서로 합동입니다. 삼각형 ㄹㅁㅂ의 둘레는 몇 cm인지 구해 보세요.

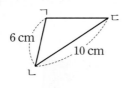 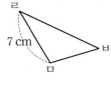

( )

1-2

두 사각형은 서로 합동입니다. 사각형 ㅁㅂㅅㅇ의 둘레는 몇 cm인지 구해 보세요.

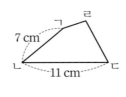 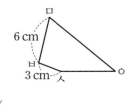

( )

1-3

두 삼각형은 서로 합동입니다. 삼각형 ㄱㄴㄷ의 둘레가 20 cm일 때 변 ㄱㄴ은 몇 cm인지 구해 보세요.

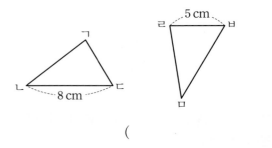

( )

1-4

두 사각형은 서로 합동입니다. 사각형 ㄱㄴㄷㄹ의 둘레가 19 cm일 때 변 ㄱㄴ은 몇 cm인지 구해 보세요.

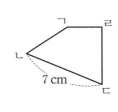 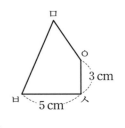

( )

대표 응용 2 서로 합동인 두 도형에서 각의 크기 구하기

두 사각형은 서로 합동입니다. 각 ㄱㄹㄷ은 몇 도인지 구해 보세요.

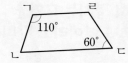 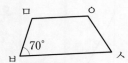

해결하기

1단계 서로 합동인 두 도형에서 대응각의 크기가 서로 같으므로

(각 ㄱㄴㄷ)=(각 ☐☐☐)=☐°입니다.

2단계 사각형의 네 각의 크기의 합은 360°이므로

(각 ㄱㄹㄷ)=360°-110°-☐°-☐°

=☐°입니다.

2-1

두 삼각형은 서로 합동입니다. 각 ㄱㄷㄴ은 몇 도인지 구해 보세요.

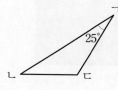 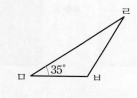

( )

2-2

두 사각형은 서로 합동입니다. 각 ㄱㄹㄷ은 몇 도인지 구해 보세요.

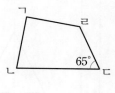 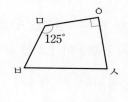

( )

2-3

두 사각형은 서로 합동입니다. 각 ㅁㅇㅅ은 몇 도인지 구해 보세요.

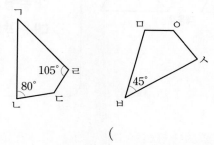

( )

2-4

두 이등변삼각형은 서로 합동입니다. 각 ㅁㄹㅂ은 몇 도인지 구해 보세요.

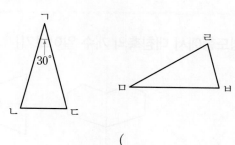

( )

2. 선대칭도형과 그 성질

개념 1 선대칭도형

이미 배운 합동

- 모양과 크기가 같아서 포개었을 때 완전히 겹치는 두 도형을 서로 합동이라고 합니다.

- 대응점, 대응변, 대응각
  서로 합동인 두 도형을 포개었을 때
  대응점: 완전히 겹치는 점
  대응변: 완전히 겹치는 변
  대응각: 완전히 겹치는 각

새로 배울 선대칭도형

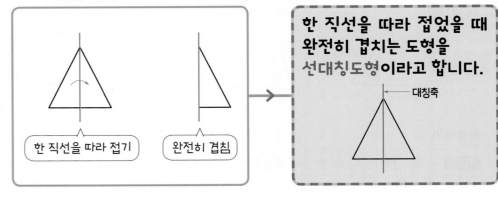

> 한 직선을 따라 접었을 때 완전히 겹치는 도형을 선대칭도형이라고 합니다.

- 선대칭도형의 대응점, 대응변, 대응각
  대칭축을 따라 접었을 때
  대응점: 겹치는 점
  대응변: 겹치는 변
  대응각: 겹치는 각

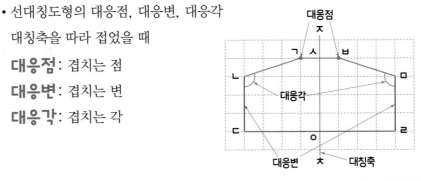

💡 선대칭도형은 대칭축을 따라 접었을 때 완전히 겹칩니다.

[선대칭도형에서 대칭축의 개수 알아보기]

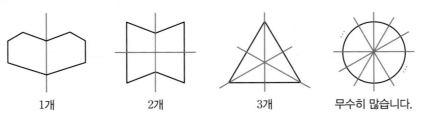

1개	2개	3개	무수히 많습니다.

- 선대칭도형에서 대칭축의 개수는 도형의 모양에 따라 달라집니다.
- 선대칭도형에서 대칭축이 여러 개일 때 모든 대칭축은 한 점에서 만납니다.

개념2 선대칭도형의 성질

이미 배운 합동인 도형의 성질

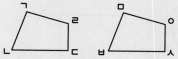

- 서로 합동인 두 도형에서 각 각의 대응변의 길이가 서로 같습니다.

  ⑩ (변 ㄱㄴ)=(변 ㅁㅂ)

- 서로 합동인 두 도형에서 각 각의 대응각의 크기가 서로 같습니다.

  ⑩ (각 ㄴㄷㄹ)=(각 ㅂㅅㅇ)

새로 배울 선대칭도형의 성질

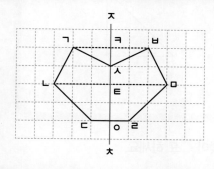

- 선대칭도형에서 **각각의 대응변의 길이가 서로 같습니다.**

  ⑩ (변 ㅅㄱ)=(변 ㅅㅂ), (변 ㄱㄴ)=(변 ㅂㅁ),

  (변 ㄴㄷ)=(변 ㅁㄹ), (변 ㄷㅇ)=(변 ㄹㅇ)

- 선대칭도형에서 **각각의 대응각의 크기가 서로 같습니다.**

  ⑩ (각 ㅅㄱㄴ)=(각 ㅅㅂㅁ), (각 ㄱㄴㄷ)=(각 ㅂㅁㄹ),

  (각 ㄴㄷㅇ)=(각 ㅁㄹㅇ)

- 선대칭도형에서 **대응점끼리 이은 선분은 대칭축과 수직으로 만납니다.**

  ⑩ 선분 ㄱㅂ, 선분 ㄴㅁ은 각각 대칭축과 수직으로 만납니다.

- 선대칭도형에서 **대칭축은 대응점끼리 이은 선분을 둘로 똑같이 나눕니다.**

  ⑩ (선분 ㄱㅋ)=(선분 ㅂㅋ), (선분 ㄴㅌ)=(선분 ㅁㅌ)

| 합동인 도형의 성질 | + | 대응점과 대칭축 사이의 관계 | ➡ | 선대칭도형의 성질 |

[선대칭도형 그리기]

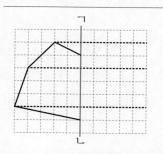

① 각 점에서 대칭축에 수선을 긋습니다.

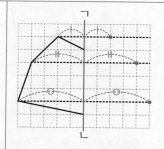

② 이 수선에 각 점에서 대칭축까지의 거리와 거리가 같은 대응점을 찾아 표시합니다.

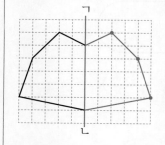

③ 대응점을 순서대로 이어 선대칭도형을 완성합니다.

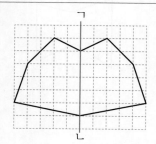

④ 선대칭도형이 되는지 확인합니다.

• 선대칭도형 찾기

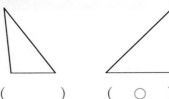

(   )   (◯)

01~09 선대칭도형을 찾아 ◯표 하세요.

05

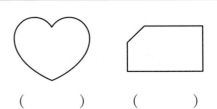

(   )   (   )

01

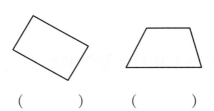

(   )   (   )

06

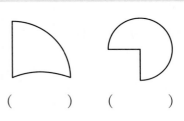

(   )   (   )

02

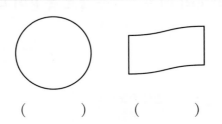

(   )   (   )

07

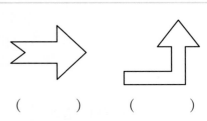

(   )   (   )

03

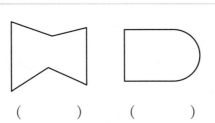

(   )   (   )

08

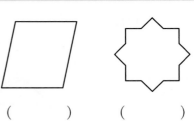

(   )   (   )

04

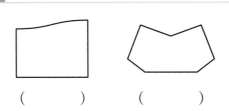

(   )   (   )

09

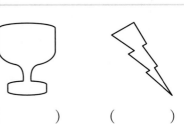

(   )   (   )

• 선대칭도형에서 대칭축 찾기

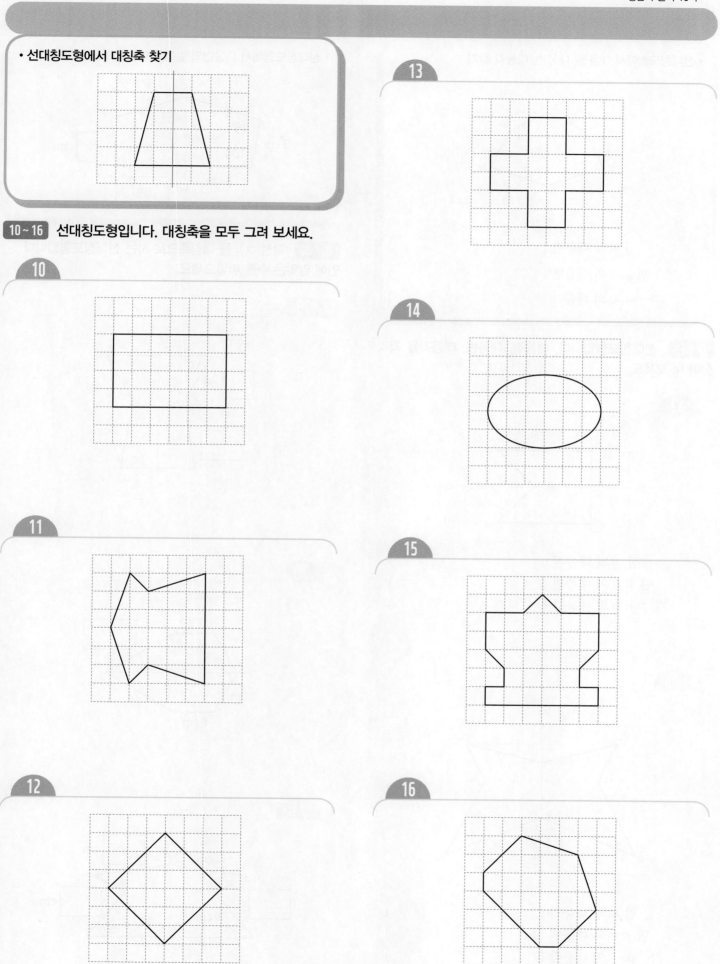

10~16 선대칭도형입니다. 대칭축을 모두 그려 보세요.

10

11

12

13

14

15

16

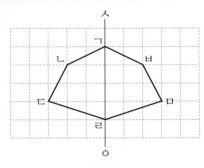

점 ㄴ의 대응점 (점 ㅂ   )

변 ㄷㄹ의 대응변 (변 ㅁㄹ   )

각 ㄱㄴㄷ의 대응각 (각 ㄱㅂㅁ   )

17~18 선대칭도형입니다. 대응점, 대응변, 대응각을 각각 찾아 써 보세요.

17

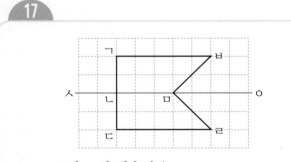

점 ㄱ의 대응점 (   )

변 ㄷㄹ의 대응변 (   )

각 ㄱㅂㅁ의 대응각 (   )

18

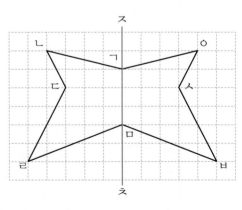

점 ㄷ의 대응점 (   )

변 ㄹㅁ의 대응변 (   )

각 ㄱㅇㅅ의 대응각 (   )

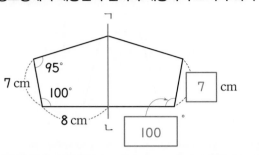

19~21 직선 ㄱㄴ을 대칭축으로 하는 선대칭도형입니다. □ 안에 알맞은 수를 써넣으세요.

19

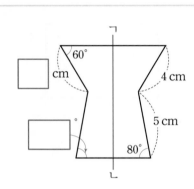

20

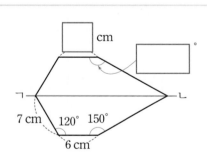

21

• 선대칭도형 완성하기

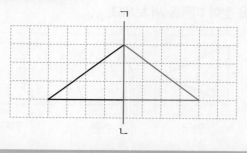

22~28 직선 ㄱㄴ을 대칭축으로 하는 선대칭도형을 완성해 보세요.

25

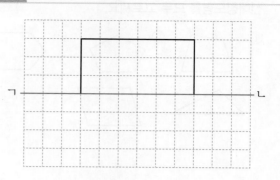

22

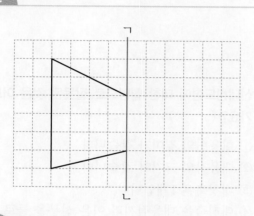

26

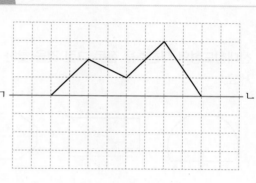

23

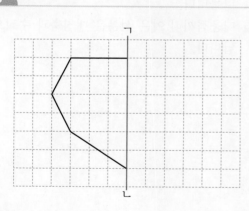

27

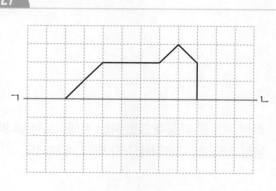

24

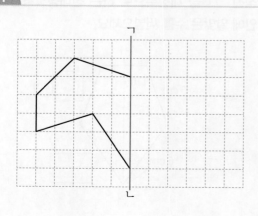

28

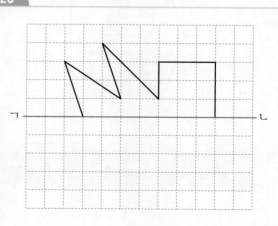

01 선대칭도형을 모두 고르세요. (　　　　　)

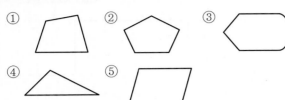

① ② ③ ④ ⑤

02 선대칭도형의 대칭축을 <u>잘못</u> 그린 것을 찾아 ○표 하세요.

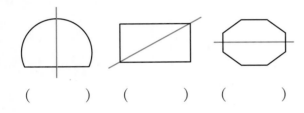

(　　　) (　　　) (　　　)

03 직선 ㅈㅊ을 대칭축으로 하는 선대칭도형입니다. 대응점, 대응변, 대응각을 각각 찾아 써 보세요.

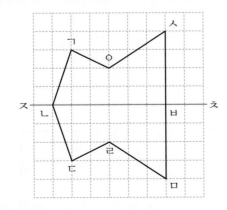

점 ㄱ의 대응점	변 ㄷㄹ의 대응변	각 ㅇㅅㅂ의 대응각

04 대칭축의 개수가 가장 적은 선대칭도형을 만든 사람을 찾아 이름을 써 보세요.

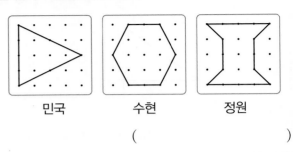

민국　　　수현　　　정원

(　　　　　　　　　　　)

05 선대칭도형에 대한 설명으로 <u>잘못된</u> 것은 어느 것인가요? (　　　)

① 대응변의 길이가 같습니다.
② 대응각의 크기가 같습니다.
③ 대칭축은 1개입니다.
④ 대칭축은 대응점끼리 이은 선분을 둘로 똑같이 나눕니다.
⑤ 대응점끼리 이은 선분은 대칭축과 수직으로 만납니다.

06 직선 ㄱㄴ을 대칭축으로 하는 선대칭도형입니다. □ 안에 알맞은 수를 써넣으세요.

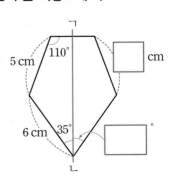

【07~08】 직선 ㅈㅊ을 대칭축으로 하는 선대칭도형입니다. 물음에 답하세요.

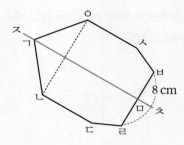

07 선분 ㄴㅇ과 대칭축이 만나서 이루는 각도는 몇 도인가요?

( )

08 선분 ㄹㅁ은 몇 cm인지 구해 보세요.

( )

09 직선 ㄱㄴ을 대칭축으로 하는 선대칭도형을 완성해 보세요.

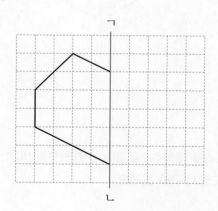

10 오른쪽은 직선 ㅅㅇ을 대칭축으로 하는 선대칭도형입니다. 이 선대칭도형의 둘레는 몇 cm인지 구해 보세요.

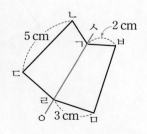

( )

11 실생활 활용 ‖‖‖‖‖‖‖‖‖‖‖‖‖‖‖‖‖‖‖‖‖‖‖‖‖‖‖‖‖‖‖‖‖‖

수아는 크리스마스 카드를 꾸미기 위해 색종이를 잘랐습니다. 색종이를 반으로 접어 자른 크리스마스 트리 모양이 오른쪽과 같을 때 각 ㄴㄱㅋ과 각 ㄷㄹㅁ의 크기의 합을 구해 보세요.

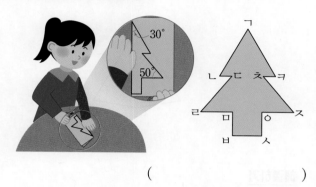

( )

12 교과 융합 ‖‖‖

한글은 우리나라 고유의 글자로 자음 14자와 모음 10자로 이루어져 있습니다. 직선 ㄱㄴ을 대칭축으로 하는 선대칭도형을 완성하고, 나타난 글자가 무엇인지 써 보세요.

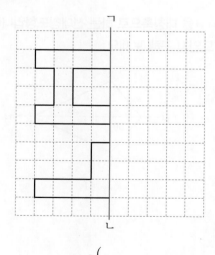

( )

대표 응용
1

선대칭도형에서 각의 크기 구하기

직선 ㅁㅂ을 대칭축으로 하는 선대칭도형입니다. 각 ㄱㄹㄷ
은 몇 도인지 구해 보세요.

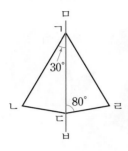

해결하기

1단계 선대칭도형에서 대응각의 크기가 서로 같으므로

(각 ㄷㄱㄹ)=(각 ▢)=▢°입니다.

2단계 삼각형 ㄱㄷㄹ의 세 각의 크기의 합은 180°이

므로 (각 ㄱㄹㄷ)=180°−▢°−▢°

=▢°입니다.

1-1

직선 ㅁㅂ을 대칭축으로 하는 선대칭도형입니다. 각 ㄴㄷㄹ
은 몇 도인지 구해 보세요.

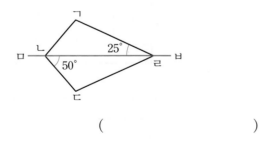

(   )

1-2

직선 ㅅㅇ을 대칭축으로 하는 선대칭도형입니다. 각 ㄱㄴㄷ
은 몇 도인지 구해 보세요.

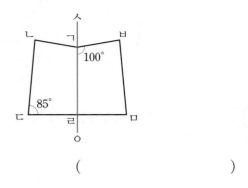

(   )

1-3

직선 ㅁㅂ을 대칭축으로 하는 선대칭도형입니다. 각 ㄱㄹㄷ
은 몇 도인지 구해 보세요.

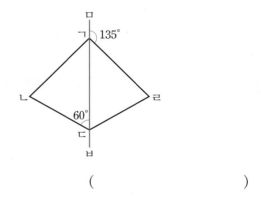

(   )

1-4

직선 ㅅㅇ을 대칭축으로 하는 선대칭도형입니다. 각 ㄱㅂㅁ
은 몇 도인지 구해 보세요.

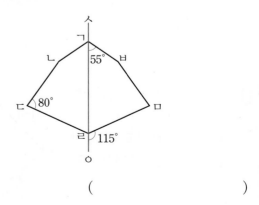

(   )

대표 응용 2 선대칭도형의 넓이 구하기

선분 ㄱㄷ을 대칭축으로 하는 선대칭도형입니다. 사각형 ㄱㄴㄷㄹ의 넓이는 몇 cm^2인지 구해 보세요.

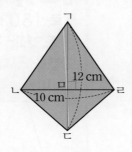

해결하기

1단계 선대칭도형에서 대칭축은 대응점끼리 이은 선분을 둘로 똑같이 나누므로

(선분 ㄴㅁ)=(선분 ☐)÷2

= ☐ ÷2= ☐ (cm)입니다.

2단계 (사각형 ㄱㄴㄷㄹ의 넓이)

=(삼각형 ㄱㄴㄷ의 넓이)×2

=(12× ☐ ÷ ☐)×2

= ☐ ×2= ☐ (cm^2)

2-1

선분 ㄴㄹ을 대칭축으로 하는 선대칭도형입니다. 사각형 ㄱㄴㄷㄹ의 넓이는 몇 cm^2인지 구해 보세요.

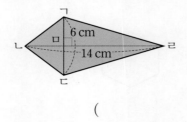

(   )

2-2

선분 ㄹㄷ을 대칭축으로 하는 선대칭도형의 일부분입니다. 완성한 선대칭도형의 넓이는 몇 cm^2인지 구해 보세요.

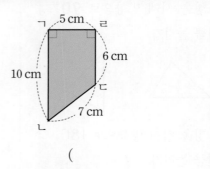

(   )

2-3

선분 ㄹㄷ을 대칭축으로 하는 선대칭도형입니다. 삼각형 ㄱㄴㄷ의 넓이가 28 cm^2일 때 선분 ㄹㄴ은 몇 cm인지 구해 보세요.

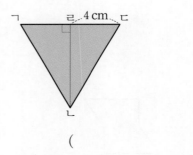

(   )

2-4

선분 ㄱㄷ을 대칭축으로 하는 선대칭도형입니다. 사각형 ㄱㄴㄷㄹ의 넓이가 96 cm^2일 때 선분 ㄴㄹ은 몇 cm인지 구해 보세요.

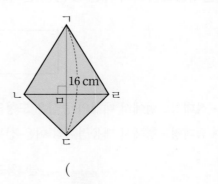

(   )

3. 점대칭도형과 그 성질

개념 1 점대칭도형

• 도형을 시계 방향으로 90°
만큼 돌리기

• 도형을 시계 방향으로 180°
만큼 돌리기

새로 배울 점대칭도형

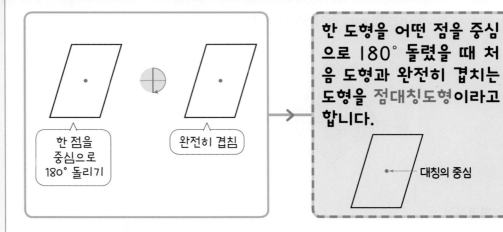

한 점을
중심으로
180° 돌리기

완전히 겹침

한 도형을 어떤 점을 중심으로 180° 돌렸을 때 처음 도형과 완전히 겹치는 도형을 점대칭도형이라고 합니다.

대칭의 중심

• 점대칭도형의 대응점, 대응변, 대응각
대칭의 중심을 중심으로 180° 돌렸을 때
대응점: 겹치는 점
대응변: 겹치는 변
대응각: 겹치는 각

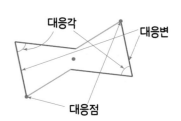

대응각   대응변
대응점

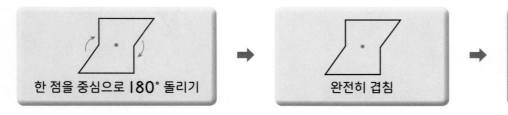

한 점을 중심으로 180° 돌리기 ➡ 완전히 겹침 ➡ 점대칭도형
대칭의 중심

💡 점대칭도형은 대칭의 중심을 중심으로 180° 돌리면 처음 도형과 완전히 겹칩니다.

[점대칭도형에서 대칭의 중심 알아보기]

• 점대칭도형에서 대칭의 중심은 도형의 모양에 상관없이 항상 1개입니다.
• 점대칭도형에서 대응점끼리 이은 선분들이 만나는 점이 대칭의 중심입니다.

선대칭도형에서 대칭축은
여러 개일 수 있어요.

점대칭도형에서 대칭의 중심은
1개뿐이에요.

개념 2 점대칭도형의 성질

이미 배운 합동인 도형의 성질

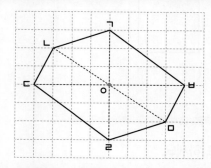

- 서로 합동인 두 도형에서 각각의 대응변의 길이가 서로 같습니다.

  예 (변 ㄱㄴ)=(변 ㄹㅂ)

- 서로 합동인 두 도형에서 각각의 대응각의 크기가 서로 같습니다.

  예 (각 ㄴㄷㄱ)=(각 ㅂㅁㄹ)

새로 배울 점대칭도형의 성질

- 점대칭도형에서 **각각의 대응변의 길이가 서로 같습니다.**

  예 (변 ㄱㄴ)=(변 ㄹㅁ), (변 ㄴㄷ)=(변 ㅁㅂ), (변 ㄷㄹ)=(변 ㅂㄱ)

- 점대칭도형에서 **각각의 대응각의 크기가 서로 같습니다.**

  예 (각 ㄱㄴㄷ)=(각 ㄹㅁㅂ), (각 ㄴㄷㄹ)=(각 ㅁㅂㄱ),

  (각 ㄷㄹㅁ)=(각 ㅂㄱㄴ)

- 점대칭도형에서 대칭의 중심은 대응점끼리 이은 선분을 둘로 똑같이 나누므로 **각각의 대응점에서 대칭의 중심까지의 거리가 서로 같습니다.**

  예 (선분 ㄱㅇ)=(선분 ㄹㅇ), (선분 ㄴㅇ)=(선분 ㅁㅇ),

  (선분 ㄷㅇ)=(선분 ㅂㅇ)

| 합동인 도형의 성질 | + | 대응점과 대칭의 중심 사이의 관계 | → | 점대칭도형의 성질 |

[점대칭도형 그리기]

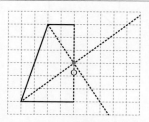	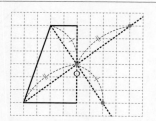	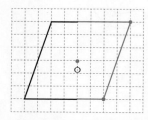	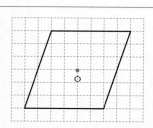
① 각 점에서 대칭의 중심을 지나는 직선을 긋습니다.	② 이 직선에 각 점에서 대칭의 중심까지의 거리와 거리가 같은 대응점을 찾아 표시합니다.	③ 대응점을 순서대로 이어 점대칭도형을 완성합니다.	④ 점대칭도형이 되는지 확인합니다.

• 점대칭도형 찾기

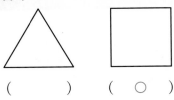

( )   (○)

`01 ~ 09` 점대칭도형을 찾아 ○표 하세요.

01
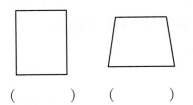

( )   ( )

02
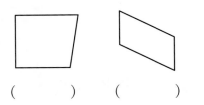

( )   ( )

03
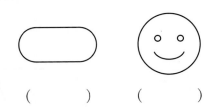

( )   ( )

04

( )   ( )

05
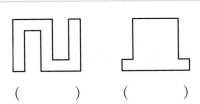

( )   ( )

06
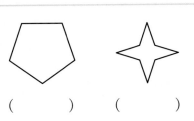

( )   ( )

07
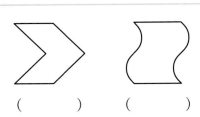

( )   ( )

08
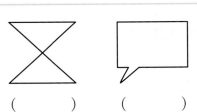

( )   ( )

09
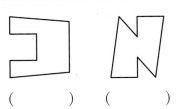

( )   ( )

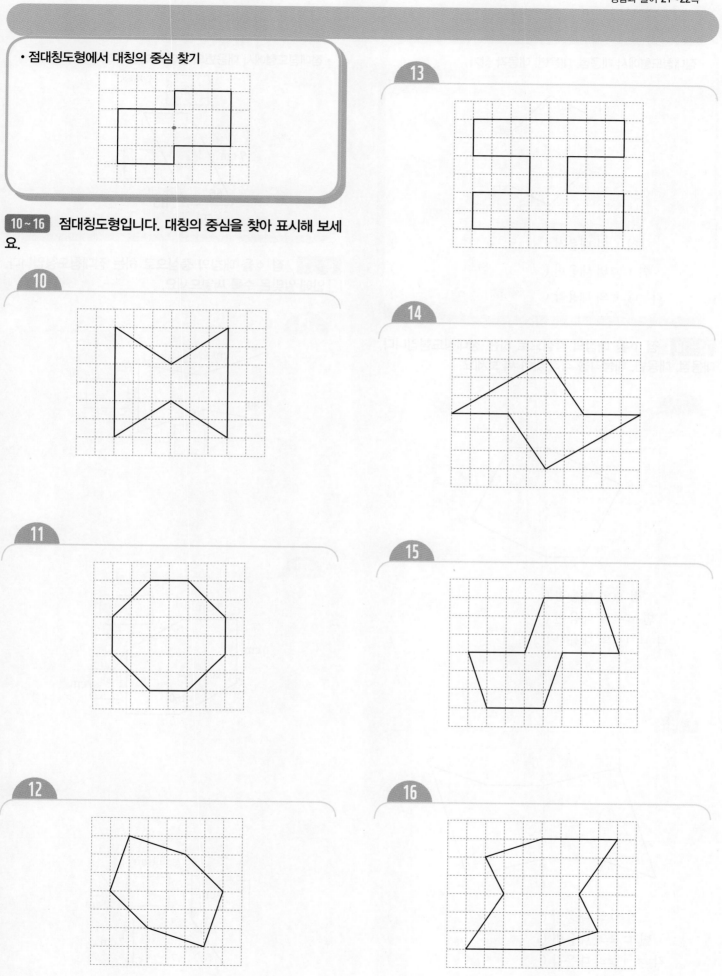

• 점대칭도형에서 대칭의 중심 찾기

10~16 점대칭도형입니다. 대칭의 중심을 찾아 표시해 보세요.

13

10

14

11

15

12

16

• 점대칭도형에서 대응점, 대응변, 대응각 찾기

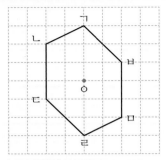

점 ㄴ의 대응점 (점 ㅁ   )

변 ㄷㄹ의 대응변 (변 ㅂㄱ   )

각 ㄱㄴㄷ의 대응각 (각 ㄹㅁㅂ   )

17~18 점 ㅇ을 대칭의 중심으로 하는 점대칭도형입니다. 대응점, 대응변, 대응각을 각각 찾아 써 보세요.

17

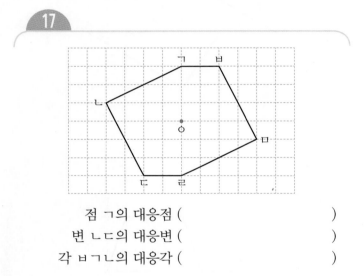

점 ㄱ의 대응점 (   )

변 ㄴㄷ의 대응변 (   )

각 ㅂㄱㄴ의 대응각 (   )

18

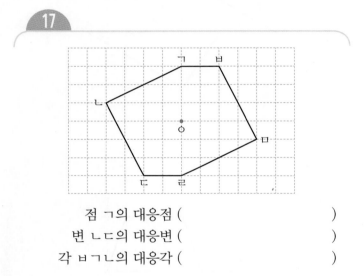

점 ㅁ의 대응점 (   )

변 ㄷㄹ의 대응변 (   )

각 ㅈㄱㄴ의 대응각 (   )

• 점대칭도형에서 대응변의 길이와 대응각의 크기 구하기

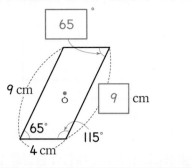

19~21 점 ㅇ을 대칭의 중심으로 하는 점대칭도형입니다. □ 안에 알맞은 수를 써넣으세요.

19

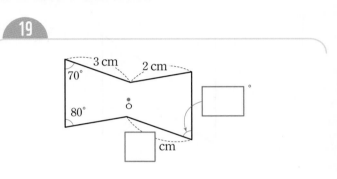

20

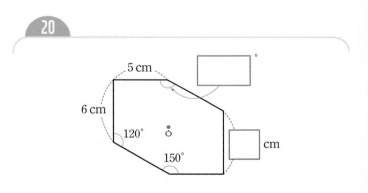

21

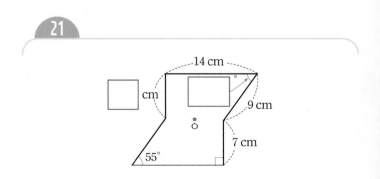

• 점대칭도형 완성하기

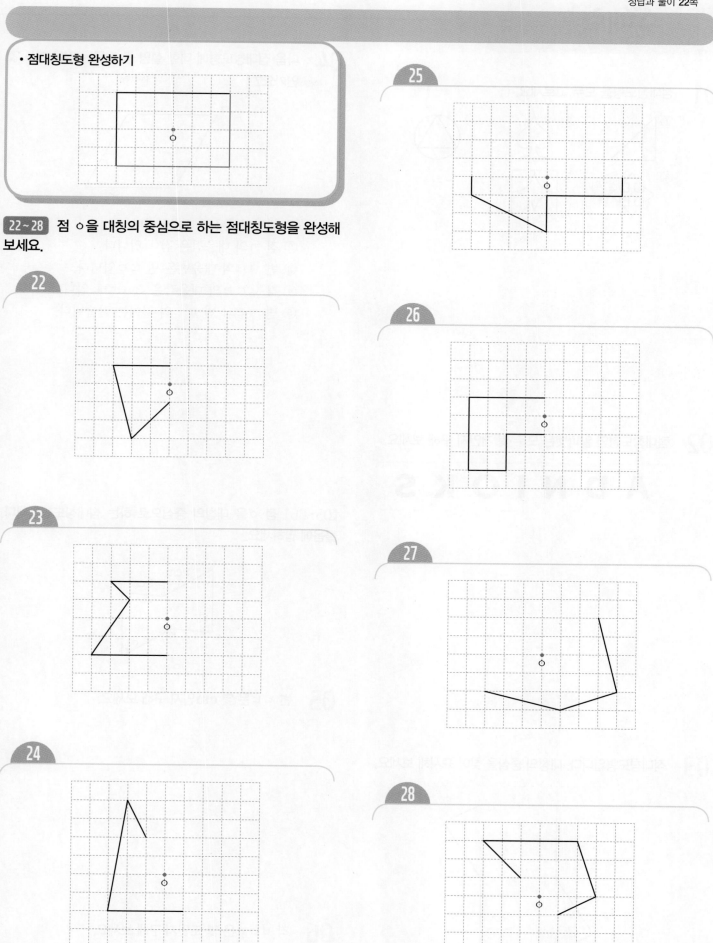

22~28 점 ○을 대칭의 중심으로 하는 점대칭도형을 완성해 보세요.

22

23

24

25

26

27

28

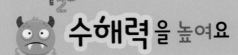
01 점대칭도형을 모두 고르세요. (　　　　　　)

 ① ② ③

④ ⑤

02 점대칭도형인 알파벳은 모두 몇 개인지 구해 보세요.

A D N I O K S

(　　　　　　　　　　　)

03 점대칭도형입니다. 대칭의 중심을 찾아 표시해 보세요.

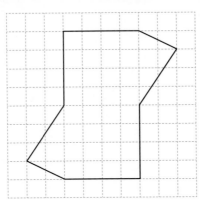

04 다음 점대칭도형에 대한 설명 중 잘못된 것은 어느 것인가요? (　　　　)

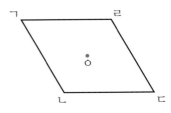

① 대칭의 중심은 1개입니다.
② 점 ㄱ의 대응점은 점 ㄴ입니다.
③ 변 ㄱㄴ의 대응변은 변 ㄷㄹ입니다.
④ 각 ㄴㄷㄹ의 대응각은 각 ㄹㄱㄴ입니다.
⑤ 변 ㄱㄹ과 변 ㄷㄴ의 길이는 같습니다.

【05~06】 점 ㅇ을 대칭의 중심으로 하는 점대칭도형입니다. 물음에 답하세요.

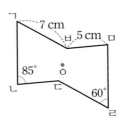

05 변 ㄴㄷ은 몇 cm인지 구해 보세요.

(　　　　　　　　　　　)

06 각 ㅂㅁㄹ은 몇 도인지 구해 보세요.

(　　　　　　　　　　　)

【07~08】 점 ㅇ을 대칭의 중심으로 하는 점대칭도형입니다. 물음에 답하세요.

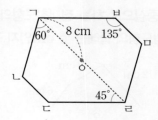

07 선분 ㄱㄹ은 몇 **cm**인지 구해 보세요.

( )

08 각 ㄱㄴㄷ은 몇 도인지 구해 보세요.

( )

09 점 ㅇ을 대칭의 중심으로 하는 점대칭도형을 완성해 보세요.

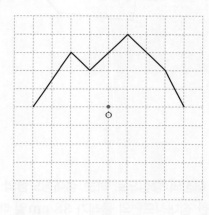

10 점 ㅇ을 대칭의 중심으로 하는 점대칭도형입니다. 선분 ㅂㅇ은 몇 **cm**인지 구해 보세요.

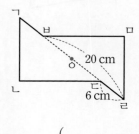

( )

11 실생활 활용 ||||||||||||||||||||||||||||||||||||||||

지민이는 십자수를 하기 위해 도안을 그렸습니다. 도안이 점 ㅇ을 대칭의 중심으로 하는 점대칭도형이 되도록 나머지 부분을 완성해 보세요.

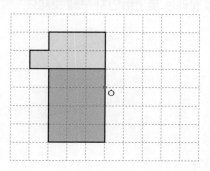

12 교과 융합 ||||||||||||||||||||||||||||||||||||||||

국가를 상징하는 깃발인 국기는 스포츠 경기, 외교 행사 등 다양한 경우에 각 국가를 구분하기 위해 사용됩니다. 다음은 세계 여러 나라의 국기입니다. 국기의 모양이 선대칭도형이면서 점대칭도형인 나라를 모두 써 보세요.

캐나다　　이스라엘　　대한민국

자메이카　　쿠바

( )

대표 응용
1 점대칭도형의 둘레 구하기

점 ㅇ을 대칭의 중심으로 하는 점대칭도형입니다. 점대칭도형의 둘레는 몇 **cm**인지 구해 보세요.

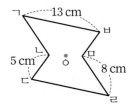

해결하기

1단계 점대칭도형에서 대응변의 길이가 서로 같으므로

(변 ㄱㄴ)=(변 [   ])=[   ] cm,

(변 ㄷㄹ)=(변 [   ])=[   ] cm,

(변 ㅁㅂ)=(변 [   ])=[   ] cm입니다.

2단계 점대칭도형의 둘레는

8+5+[   ]+8+[   ]+[   ]

=[   ] (cm)입니다.

1-1

점 ㅇ을 대칭의 중심으로 하는 점대칭도형입니다. 점대칭도형의 둘레는 몇 **cm**인지 구해 보세요.

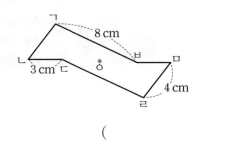

(   )

1-2

점 ㅇ을 대칭의 중심으로 하는 점대칭도형의 일부분입니다. 완성한 점대칭도형의 둘레는 몇 **cm**인지 구해 보세요.

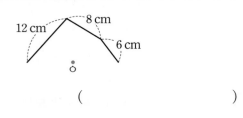

(   )

1-3

점 ㅇ을 대칭의 중심으로 하는 점대칭도형입니다. 점대칭도형의 둘레가 42 **cm**일 때 변 ㄱㄴ은 몇 **cm**인지 구해 보세요.

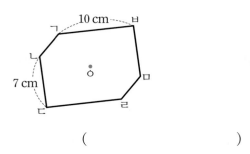

(   )

1-4

점 ㅇ을 대칭의 중심으로 하는 점대칭도형의 일부분입니다. 완성한 점대칭도형의 둘레가 38 **cm**일 때 변 ㄴㄷ은 몇 **cm**인지 구해 보세요.

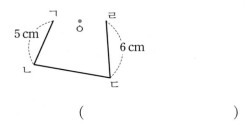

(   )

대표 응용 2 완성한 점대칭도형의 넓이 구하기

점 ○을 대칭의 중심으로 하는 점대칭도형을 완성하려고 합니다. 완성한 점대칭도형의 넓이는 몇 cm^2인지 구해 보세요.

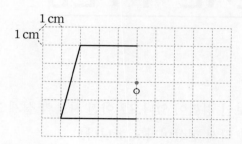

해결하기

1단계 점대칭도형을 완성합니다.

2단계 완성한 점대칭도형은 밑변의 길이가 ☐ cm, 높이가 ☐ cm인 평행사변형입니다.

3단계 완성한 점대칭도형의 넓이는

☐ × ☐ = ☐ (cm^2)입니다.

2-1

점 ○을 대칭의 중심으로 하는 점대칭도형을 완성하려고 합니다. 완성한 점대칭도형의 넓이는 몇 cm^2인지 구해 보세요.

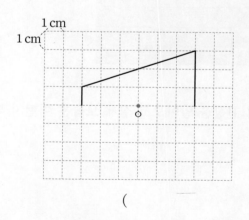

(   )

2-2

점 ○을 대칭의 중심으로 하는 점대칭도형을 완성하려고 합니다. 완성한 점대칭도형의 넓이는 몇 cm^2인지 구해 보세요.

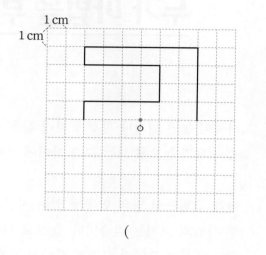

(   )

2-3

점 ○을 대칭의 중심으로 하는 점대칭도형의 일부분입니다. 완성한 점대칭도형의 넓이는 몇 cm^2인지 구해 보세요.

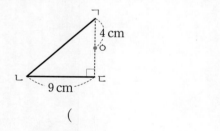

(   )

2-4

점 ○을 대칭의 중심으로 하는 점대칭도형의 일부분입니다. 완성한 점대칭도형의 둘레가 20 cm일 때 완성한 점대칭도형의 넓이는 몇 cm^2인지 구해 보세요.

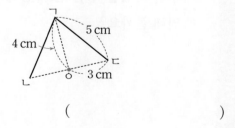

(   )

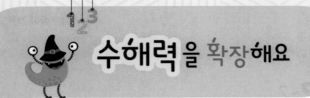
누가 마법을 부렸나? 신기한 착시 현상

사물이 놓인 위치나 환경에 따라 같은 사물인데 다르게 보인 경험이 있나요? 어떤 사물의 실제 모습과 우리 눈으로 보는 모습 사이에 차이가 생기는 현상을 착시 현상이라고 합니다.

아래 그림에서 방의 안쪽에 있는 사람과 바깥쪽에 있는 사람의 크기를 비교해 볼까요? 놀랍게도 두 사람의 크기는 같습니다. 눈으로 보았을 때는 두 사람의 크기가 달라 보이지만 두 사람을 잘라 맞대어 보면 모양과 크기가 같아서 포개었을 때 완전히 겹칩니다.

누가 마법을 부린 건 아닌지 착각할 정도로 신기한 착시 현상을 알아보고 실제 모습은 어떤지 확인해 볼까요?

⚠ [부록]의 자료를 사용하세요.

활동 1 도형 가와 도형 나의 크기를 비교해 보세요.

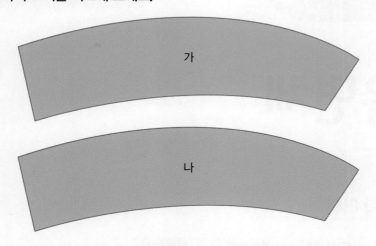

도형 가와 도형 나의 크기는 (같습니다 , 다릅니다).

➜ 도형 가와 도형 나는 서로 [   ] 입니다.

⚠ [부록]의 자료를 사용하세요.

활동 2 노란색 작은 원들에 둘러싸인 하늘색 원과 노란색 큰 원들에 둘러싸인 하늘색 원의 크기를 비교해 보세요.

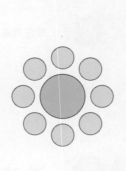
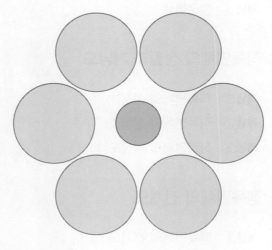

하늘색 두 원의 크기는 (같습니다 , 다릅니다).

➜ 하늘색 두 원은 서로 [   ] 입니다.

03 단원

직육면체

? 등장하는 주요 **수학 어휘**

직육면체 , **정육면체** , **겨냥도** , **전개도**

1 직육면체와 정육면체 개념강화 학습 계획: 월   일

개념 1 직육면체
개념 2 직육면체의 구성 요소
개념 3 정육면체

2 직육면체의 성질과 겨냥도 개념강화 학습 계획: 월   일

개념 1 직육면체의 성질(1)
개념 2 직육면체의 성질(2)
개념 3 직육면체의 겨냥도

3 정육면체의 전개도 연습강화 응용강화 학습 계획: 월   일

개념 1 정육면체의 전개도
개념 2 정육면체의 전개도 그리기

4 직육면체의 전개도 연습강화 응용강화 학습 계획: 월   일

개념 1 직육면체의 전개도
개념 2 직육면체의 전개도 그리기

이번 3단원에서는

직육면체와 정육면체의 개념과 성질을 알아보고, 직육면체의 겨냥도와 전개도를 그려 볼 거예요.
이전에 배운 직사각형과 정사각형을 어떻게 확장할지 생각해 보아요.

1. 직육면체와 정육면체

개념 1 직육면체

이미 배운 **직사각형**	새로 배울 **직육면체**
네 각이 모두 직각인 사각형을 직사각형이라고 합니다. 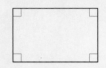	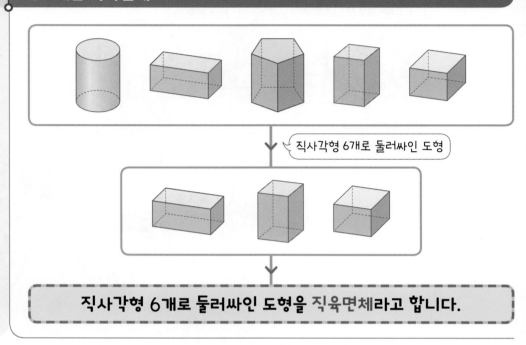

직사각형 6개로 둘러싸인 도형

직사각형 6개로 둘러싸인 도형을 직육면체라고 합니다.

| 직사각형 | ➡ | 6개로 둘러싸면? | ➡ | 직육면체 |

[생활 속에서 찾을 수 있는 직육면체 모양]

직육면체 모양의 물건	직육면체 모양이 아닌 물건

[직육면체가 아닌 도형]

2개의 사다리꼴과 4개의 직사각형으로 이루어져 있습니다.

2개의 직사각형과 4개의 사다리꼴로 이루어져 있습니다.

2개의 삼각형과 3개의 직사각형으로 이루어져 있습니다.

개념 2 직육면체의 구성 요소

이미 배운 직사각형의 변, 꼭짓점

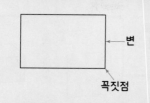

변의 수(개)	꼭짓점의 수(개)
4	4

새로 배울 면, 모서리, 꼭짓점

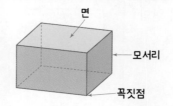

면: 직육면체에서 선분으로 둘러싸인 부분

모서리: 직육면체에서 면과 면이 만나는 선분

꼭짓점: 직육면체에서 모서리와 모서리가 만나는 점

도형	면의 수(개)	모서리의 수(개)	꼭짓점의 수(개)
직육면체	6	12	8

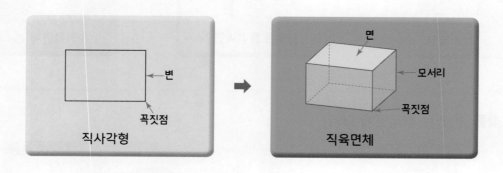

직사각형 → 직육면체

[직육면체의 면, 모서리, 꼭짓점]

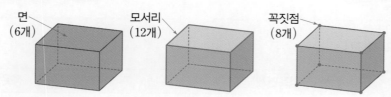

면 (6개)　모서리 (12개)　꼭짓점 (8개)

[직육면체의 면과 모서리의 성질 알아보기]

• 직육면체에서 색칠한 면끼리 서로 합동입니다.

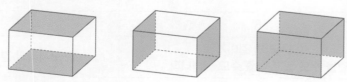

• 직육면체에서 같은 색 모서리끼리 길이가 같습니다.

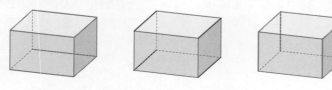

개념3 정육면체

이미 배운 정사각형

네 각이 모두 직각이고 네 변의 길이가 모두 같은 사각형을 정사각형이라고 합니다.

새로 배울 정육면체

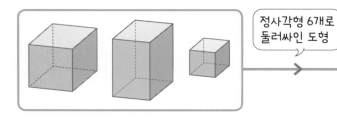

정사각형 6개로 둘러싸인 도형

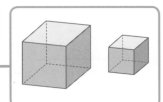

정사각형 6개로 둘러싸인 도형을 정육면체라고 합니다.

정사각형

➡

6개로 둘러싸면?

➡

정육면체

[생활 속에서 찾을 수 있는 정육면체 모양]

정육면체 모양의 물건

정육면체 모양이 아닌 물건

[직육면체와 정육면체의 비교]

	직육면체	정육면체
면의 모양	직사각형	정사각형
면의 수(개)	6	6
모서리의 수(개)	12	12
꼭짓점의 수(개)	8	8
모서리의 길이	모서리의 길이가 같을 수도 있고 다를 수도 있습니다.	모서리의 길이가 모두 같습니다.

직사각형은 정사각형이라고 할 수 없으므로 직육면체는 정육면체라고 할 수 없어요.

정사각형은 직사각형이라고 할 수 있으므로 정육면체는 직육면체라고 할 수 있어요.

수해력을 확인해요

• 직육면체 찾기

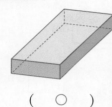

(○)　　( )

• 정육면체 찾기

 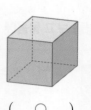

( )　　(○)

01~04 직육면체를 찾아 ○표 하세요.

05~08 정육면체를 찾아 ○표 하세요.

01

 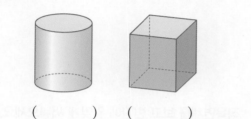

( )　　( )

05

 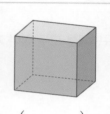

( )　　( )

02

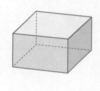 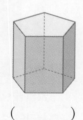

( )　　( )

06

 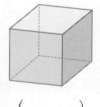

( )　　( )

03

 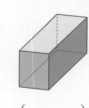

( )　　( )

07

 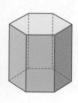

( )　　( )

04

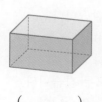 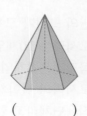

( )　　( )

08

 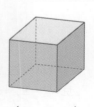

( )　　( )

[01~02] 도형을 보고 물음에 답하세요.

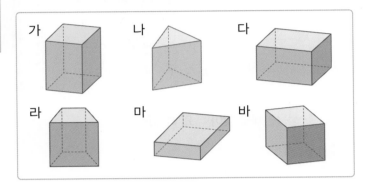

가   나   다

라   마   바

01 직육면체를 모두 찾아 기호를 써 보세요.

(   )

02 정육면체를 찾아 기호를 써 보세요.

(   )

03 □ 안에 직육면체의 각 부분의 이름을 써넣으세요.

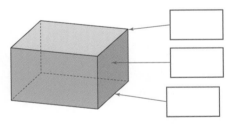

04 직육면체에서 보이는 면, 보이는 모서리, 보이는 꼭짓점은 각각 몇 개인가요?

보이는 면 (   )
보이는 모서리 (   )
보이는 꼭짓점 (   )

05 직육면체의 □ 안에 알맞은 수를 써넣으세요.

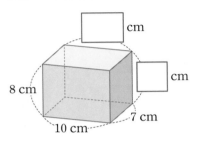

cm

cm

8 cm

10 cm   7 cm

06 직육면체를 보고 빈칸에 알맞게 써넣으세요.

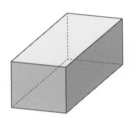

면의 모양	
면의 수(개)	
모서리의 수(개)	
꼭짓점의 수(개)	

07 정육면체에 대한 설명 중 잘못된 것은 어느 것인가요? (   )

① 면의 크기가 모두 같습니다.

② 모서리는 10개입니다.

③ 꼭짓점은 8개입니다.

④ 모서리의 길이가 모두 같습니다.

⑤ 직육면체라고 할 수 있습니다.

08 정육면체에서 면 ㄱㄴㄷㄹ의 네 변의 길이의 합은 몇 cm인지 구해 보세요.

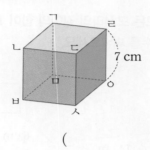

( )

09 직육면체와 정육면체의 공통점을 모두 찾아 기호를 써 보세요.

㉠ 면의 모양	㉡ 면의 수
㉢ 모서리의 길이	㉣ 꼭짓점의 수

( )

10 미주와 인하는 서로 다른 직육면체를 가지고 있습니다. 대화를 읽고 두 사람이 가진 도형을 각각 찾아 기호를 써 보세요.

나는 모양과 크기가 같은 면이 4개인 직육면체를 가지고 있어.

내가 가진 직육면체는 모든 면의 모양이 정사각형이야!

미주   인하

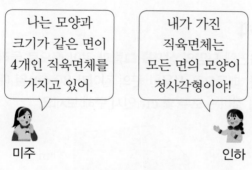

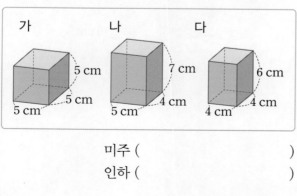

미주 ( )

인하 ( )

11 실생활 활용

한 모서리의 길이가 **2 cm**인 정육면체 모양의 각설탕이 있습니다. 이 각설탕 3개를 빈틈없이 나란히 놓았을 때 선분 ㄱㄴ은 몇 **cm**인지 구해 보세요.

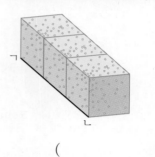

( )

12 교과 융합

한지는 닥나무를 주재료로 하여 만든 우리나라의 전통 종이로 특유의 광택과 치밀하고 질긴 조직, 오랜 보존성으로 널리 인정받고 있습니다. 그림과 같은 직육면체 모양의 상자에 한지를 붙이려고 합니다. 각 면에 서로 다른 색의 한지를 붙일 때 모두 몇 가지 색의 한지가 필요한가요?

( )

수해력을 완성해요

대표 응용 1 직육면체의 모든 모서리의 길이의 합 구하기

직육면체의 모든 모서리의 길이의 합은 몇 cm인지 구해 보세요.

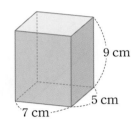

9 cm
5 cm
7 cm

해결하기

1단계 직육면체에는 길이가 각각 7 cm, ☐ cm, ☐ cm인 모서리가 ☐ 개씩 있습니다.

2단계 직육면체의 모든 모서리의 길이의 합은 (7 + ☐ + ☐) × ☐ = ☐ (cm)입니다.

1-1

직육면체의 모든 모서리의 길이의 합은 몇 cm인지 구해 보세요.

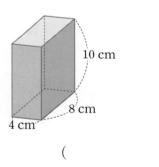

10 cm
8 cm
4 cm

(   )

1-2

직육면체의 모든 모서리의 길이의 합이 104 cm일 때 ☐ 안에 알맞은 수를 써넣으세요.

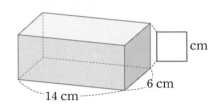

cm
14 cm
6 cm

1-3

직육면체의 모든 모서리의 길이의 합이 176 cm일 때 ☐ 안에 알맞은 수를 써넣으세요.

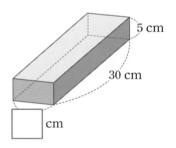

5 cm
30 cm
cm

1-4

직육면체 모양의 상자를 그림과 같이 끈으로 둘러 묶었습니다. 매듭으로 사용한 끈의 길이가 20 cm일 때 사용한 끈의 길이는 모두 몇 cm인지 구해 보세요.

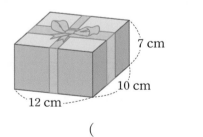

7 cm
10 cm
12 cm

(   )

대표 응용 2 정육면체의 한 모서리의 길이 구하기

모든 모서리의 길이의 합이 72 cm인 정육면체가 있습니다. 이 정육면체의 한 모서리의 길이는 몇 cm인지 구해 보세요.

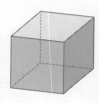

해결하기

[1단계] 정육면체는 모서리의 길이가 모두 (같습니다 , 다릅니다).

[2단계] 정육면체는 모서리가 ☐ 개입니다.

[3단계] 정육면체의 한 모서리의 길이는 ☐ ÷ ☐ = ☐ (cm)입니다.

2-1

모든 모서리의 길이의 합이 96 cm인 정육면체가 있습니다. 이 정육면체의 한 모서리의 길이는 몇 cm인지 구해 보세요.

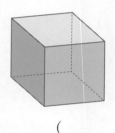

(   )

2-2

모든 모서리의 길이의 합이 108 cm인 정육면체가 있습니다. 이 정육면체에서 색칠한 면의 둘레는 몇 cm인지 구해 보세요.

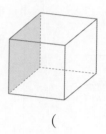

(   )

2-3

모든 모서리의 길이의 합이 132 cm인 정육면체가 있습니다. 이 정육면체에서 색칠한 면의 넓이는 몇 cm^2인지 구해 보세요.

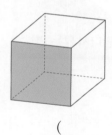

(   )

2-4

왼쪽 직육면체의 모든 모서리의 길이의 합과 오른쪽 정육면체의 모든 모서리의 길이의 합은 같습니다. 정육면체의 한 모서리의 길이는 몇 cm인지 구해 보세요.

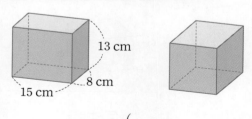

13 cm
8 cm
15 cm

(   )

2. 직육면체의 성질과 겨냥도

개념 1 직육면체의 성질(1)

이미 배운 평행

서로 만나지 않는 두 직선을 평행하다고 합니다.

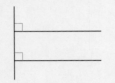

새로 배울 밑면

그림과 같이 직육면체에서 색칠한 두 면처럼 계속 늘여도 만나지 않는 두 면을 서로 평행하다고 합니다.

이 두 면을 직육면체의 **밑면**이라고 합니다.

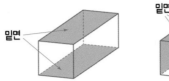

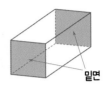

 직육면체에는 평행한 면이 3쌍 있어요.

 평행한 면은 각각 밑면이 될 수 있어요.

 서로 만나지 않는 면 ➡  서로 평행한 면 ➡ 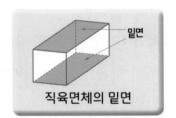 직육면체의 밑면

💡 직육면체의 밑면은 서로 평행합니다.

[직육면체의 밑면 읽기]

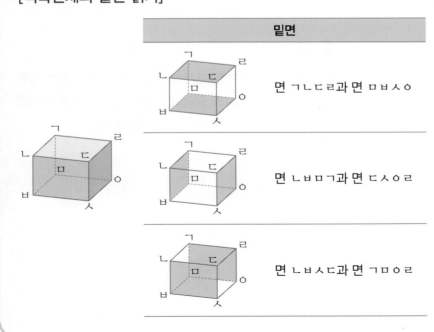

밑면
면 ㄱㄴㄷㄹ과 면 ㅁㅂㅅㅇ
면 ㄴㅂㅁㄱ과 면 ㄷㅅㅇㄹ
면 ㄴㅂㅅㄷ과 면 ㄱㅁㅇㄹ

직육면체의 밑면은 밑에 있는 면이 아니라 기준이 되는 면이에요. 어떤 한 면이 밑면이 될 경우 마주 보고 있는 면도 밑면이 돼요.

개념 2 직육면체의 성질(2)

이미 배운 수직

두 직선이 만나서 이루는 각이 직각일 때, 두 직선은 서로 수직이라고 합니다.

새로 배울 옆면

삼각자 3개를 그림과 같이 놓았을 때 면 ㄱㄴㄷㄹ과 면 ㄴㅂㅅㄷ, 면 ㄱㄴㄷㄹ과 면 ㄷㅅㅇㄹ, 면 ㄴㅂㅅㄷ과 면 ㄷㅅㅇㄹ은 각각 수직입니다.

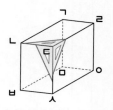

직육면체에서 밑면과 수직인 면을 직육면체의 **옆면**이라고 합니다.

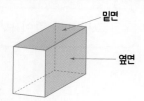

직육면체에서 한 면과 수직인 면은 모두 4개예요.

 밑면과 만나는 면

➡

 밑면과 수직인 면

➡

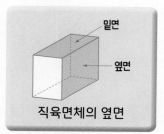 직육면체의 옆면

💡 직육면체의 밑면과 옆면은 서로 수직입니다.

[직육면체의 옆면 읽기]

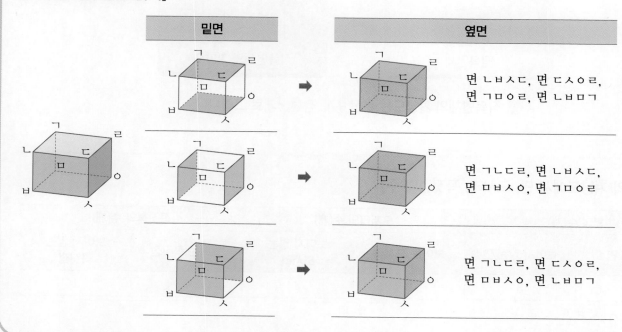

밑면	옆면
	면 ㄴㅂㅅㄷ, 면 ㄷㅅㅇㄹ, 면 ㄱㅁㅇㄹ, 면 ㄴㅂㅁㄱ
	면 ㄱㄴㄷㄹ, 면 ㄴㅂㅅㄷ, 면 ㅁㅂㅅㅇ, 면 ㄱㅁㅇㄹ
	면 ㄱㄴㄷㄹ, 면 ㄷㅅㅇㄹ, 면 ㅁㅂㅅㅇ, 면 ㄴㅂㅁㄱ

개념 3 직육면체의 겨냥도

이미 배운 직육면체

직사각형 6개로 둘러싸인 도형을 직육면체라고 합니다.

새로 배울 겨냥도

직육면체를 여러 방향에서 관찰했을 때 보이는 모양

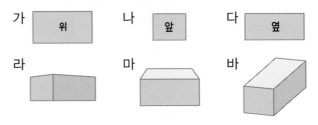

↓

그림 바와 같이 보일 때 직육면체의 모양을 잘 알 수 있습니다.

↓

> 보이는 모서리와 보이지 않는 모서리 나타내기

직육면체의 모양을 잘 알 수 있도록 나타낸 그림을 직육면체의 겨냥도라고 합니다.

• 직육면체의 겨냥도 그리는 방법

① 보이는 모서리는 실선으로, 보이지 않는 모서리는 점선으로 그립니다.

② 평행한 모서리는 길이가 같게 그립니다.

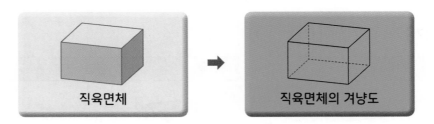

직육면체 ➡ 직육면체의 겨냥도

💡 직육면체의 겨냥도는 실선 9개, 점선 3개로 그립니다.

[직육면체의 겨냥도에서 면, 모서리, 꼭짓점의 수]

면의 수(개)		모서리의 수(개)		꼭짓점의 수(개)	
보이는 면	보이지 않는 면	보이는 모서리	보이지 않는 모서리	보이는 꼭짓점	보이지 않는 꼭짓점
3	3	9	3	7	1
합: 6		합: 12		합: 8	

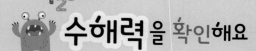

수해력을 확인해요

• 직육면체에서 색칠한 면과 평행한 면, 수직인 면 찾기

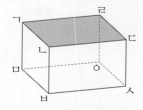

평행한 면	수직인 면
면 ㅁㅂㅅㅇ	면 ㄱㅁㅂㄴ, 면 ㄴㅂㅅㄷ, 면 ㄹㅇㅅㄷ, 면 ㄱㅁㅇㄹ

01~02 직육면체에서 색칠한 면과 평행한 면과 수직인 면을 모두 찾아 써 보세요.

01

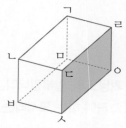

평행한 면	수직인 면

02

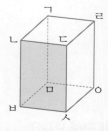

평행한 면	수직인 면

• 직육면체의 겨냥도 완성하기

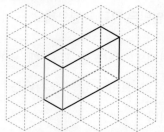

03~05 직육면체의 겨냥도를 그린 것입니다. 빠진 부분을 그려 넣어 겨냥도를 완성해 보세요.

03

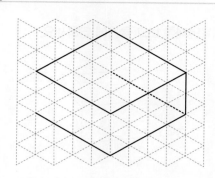

04

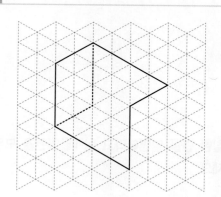

05

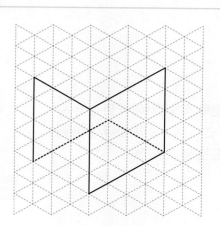

01 □ 안에 알맞은 말을 써넣으세요.

직육면체의 겨냥도를 그릴 때 보이는 모서리는 [   ], 보이지 않는 모서리는 [   ]으로 그립니다.

[02~03] 직육면체를 보고 물음에 답하세요.

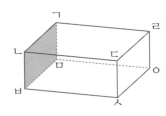

02 색칠한 면과 평행한 면을 찾아 써 보세요.

(   )

03 색칠한 면을 밑면이라고 할 때 옆면을 모두 찾아 써 보세요.

(   )

04 오른쪽 직육면체에서 면 ㅁㅂㅅㅇ 과 면 ㄷㅅㅇㄹ이 만나서 이루는 각도는 몇 도인가요?

(   )

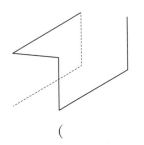

05 직육면체의 겨냥도에서 보이지 않는 꼭짓점을 찾아 써 보세요.

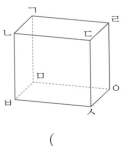

(   )

06 직육면체의 겨냥도의 일부입니다. 빠진 부분을 그릴 때 실선으로 그려야 하는 모서리는 모두 몇 개인가요?

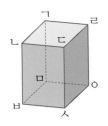

(   )

07 ㉠+㉡의 값을 구해 보세요.

- 직육면체에서 서로 평행한 면은 ㉠쌍입니다.
- 직육면체에서 한 면과 수직인 면은 ㉡개입니다.

(   )

08 직육면체의 겨냥도를 그린 것입니다. 빠진 부분을 그려 넣어 겨냥도를 완성해 보세요.

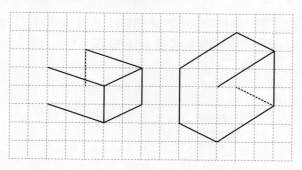

11

서진이는 이모에게 택배를 보내기 위해 우체국에 갔습니다. 직육면체 모양의 택배 상자에서 '우체국 택배'라는 글자가 쓰여진 면과 평행한 면의 네 변의 길이의 합은 몇 **cm**인지 구해 보세요.

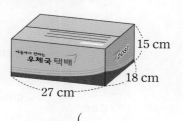

( )

09 주사위에서 마주 보는 면의 눈의 수의 합은 **7**입니다. **4**의 눈이 그려진 면과 수직인 면의 눈의 수를 모두 써 보세요.

( )

12

두부는 물에 불린 콩을 갈아서 짜낸 콩 물을 끓인 다음 소금물을 넣어 엉기게 하여 만드는 고단백 저지방 식품입니다. 직사각형 모양의 두부의 겨냥도를 잘못 그린 사람의 이름을 쓰고, 그 이유를 써 보세요.

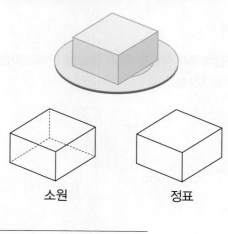

소원   정표

이름 _____

이유 _____

_____

10 직육면체의 겨냥도를 보고 수가 많은 것부터 순서대로 기호를 써 보세요.

> ㉠ 보이지 않는 면의 수
> ㉡ 보이는 모서리의 수
> ㉢ 보이는 꼭짓점의 수

( )

수해력을 완성해요

대표 응용 1 직육면체에서 평행한 면과 수직인 면의 넓이 구하기

직육면체에서 색칠한 면과 평행한 면의 넓이는 몇 cm²인지 구해 보세요.

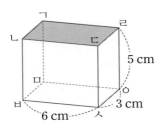

해결하기

1단계 색칠한 면과 평행한 면은 면 ☐ 입니다.

2단계 색칠한 면과 평행한 면은 가로가 ☐ cm, 세로가 ☐ cm인 직사각형입니다.

3단계 색칠한 면과 평행한 면의 넓이는

☐ × ☐ = ☐ (cm²)입니다.

1-1

직육면체에서 색칠한 면과 평행한 면의 넓이는 몇 cm²인지 구해 보세요.

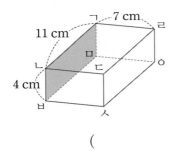

( )

1-2

직육면체에서 색칠한 면과 평행한 면의 넓이가 78 cm²일 때 ☐ 안에 알맞은 수를 써넣으세요.

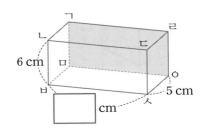

1-3

직육면체에서 면 ㅁㅂㅅㅇ과 수직인 면들의 넓이의 합은 몇 cm²인지 구해 보세요.

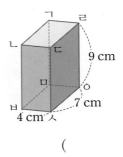

( )

1-4

직육면체에서 면 ㄷㅅㅇㄹ과 수직인 면들의 넓이의 합은 몇 cm²인지 구해 보세요.

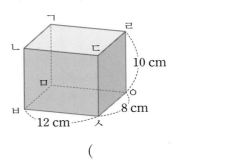

( )

대표 응용 2 직육면체의 겨냥도에서 모서리의 길이 구하기

직육면체에서 보이지 않는 모서리의 길이의 합은 몇 cm 인지 구해 보세요.

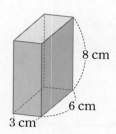

해결하기

1단계 직육면체의 겨냥도에서 보이지 않는 모서리는 (실선 , 점선)으로 나타낸 모서리입니다.

2단계 보이지 않는 모서리는 길이가 각각 3 cm, ☐ cm, ☐ cm인 모서리가 ☐ 개씩입니다.

3단계 보이지 않는 모서리의 길이의 합은
3+☐+☐=☐ (cm)입니다.

2-1

직육면체에서 보이지 않는 모서리의 길이의 합은 몇 cm 인지 구해 보세요.

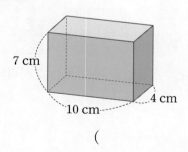

(   )

2-2

직육면체에서 보이는 모서리의 길이의 합은 몇 cm인지 구해 보세요.

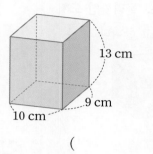

(   )

2-3

보이지 않는 모서리의 길이의 합이 33 cm인 정육면체가 있습니다. 이 정육면체의 한 모서리의 길이는 몇 cm인지 구해 보세요.

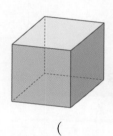

(   )

2-4

보이는 모서리의 길이의 합이 45 cm인 정육면체가 있습니다. 이 정육면체의 모든 모서리의 길이의 합은 몇 cm인지 구해 보세요.

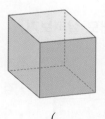

(   )

3. 정육면체의 전개도

개념 1 정육면체의 전개도

이미 배운 정육면체

정사각형 **6**개로 둘러싸인 도형을 정육면체라고 합니다.

새로 배울 정육면체의 전개도

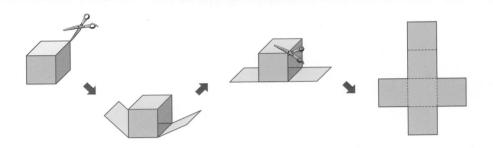

> 정육면체의 모서리를 잘라서 펼친 그림을 정육면체의 **전개도**라고 합니다.

- 정육면체의 전개도의 특징
  ① 정사각형 **6**개로 이루어져 있습니다.
  ② 모든 모서리의 길이가 같습니다.
  ③ 접었을 때 서로 겹치는 면이 없습니다.
  ④ 접었을 때 겹치는 모서리의 길이가 같습니다.

정육면체 ➡ 정육면체의 모서리를 잘라서 펼치기 ➡ 정육면체의 전개도

[정육면체의 전개도가 아닌 경우]

면이 1개 부족합니다.

서로 겹쳐요.

접었을 때 서로 겹치는 면이 있습니다.

길이가 달라요.

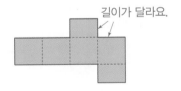

접었을 때 겹치는 모서리의 길이가 다릅니다.

[정육면체의 전개도 살펴보기]

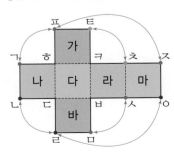

전개도를 접었을 때
- 점 ㄱ과 만나는 점: 점 ㅍ, 점 ㅈ
- 선분 ㄱㄴ과 겹치는 선분: 선분 ㅈㅇ
- 면 가와 평행한 면: 면 바
- 면 가와 수직인 면: 면 나, 면 다, 면 라, 면 마

개념 2 정육면체의 전개도 그리기

정육면체의 모서리를 잘라서 펼친 그림을 정육면체의 전개도 라고 합니다.

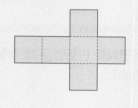

새로 배울 정육면체의 전개도 그리기

정육면체의 전개도를 그리는 방법

① 잘린 모서리는 실선으로, 잘리지 않은 모서리는 점선으로 그립니다.

② 면 **6**개의 모양과 크기가 같게 그립니다.

③ 접었을 때 서로 겹치는 면이 없게 그립니다.

④ 접었을 때 겹치는 모서리의 길이가 같게 그립니다.

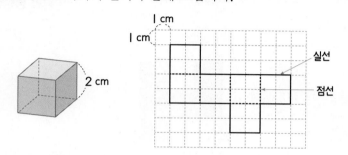

[정육면체의 전개도를 여러 가지 방법으로 그리기]

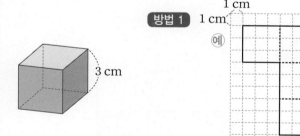

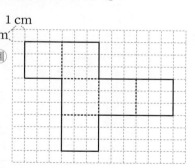

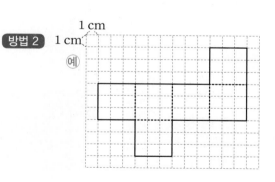

[그릴 수 있는 정육면체의 전개도]

정육면체의 전개도는 모서리를 자르는 방법에 따라 다음과 같이 11가지로 그릴 수 있습니다.

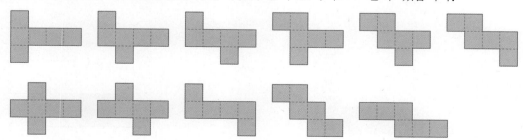

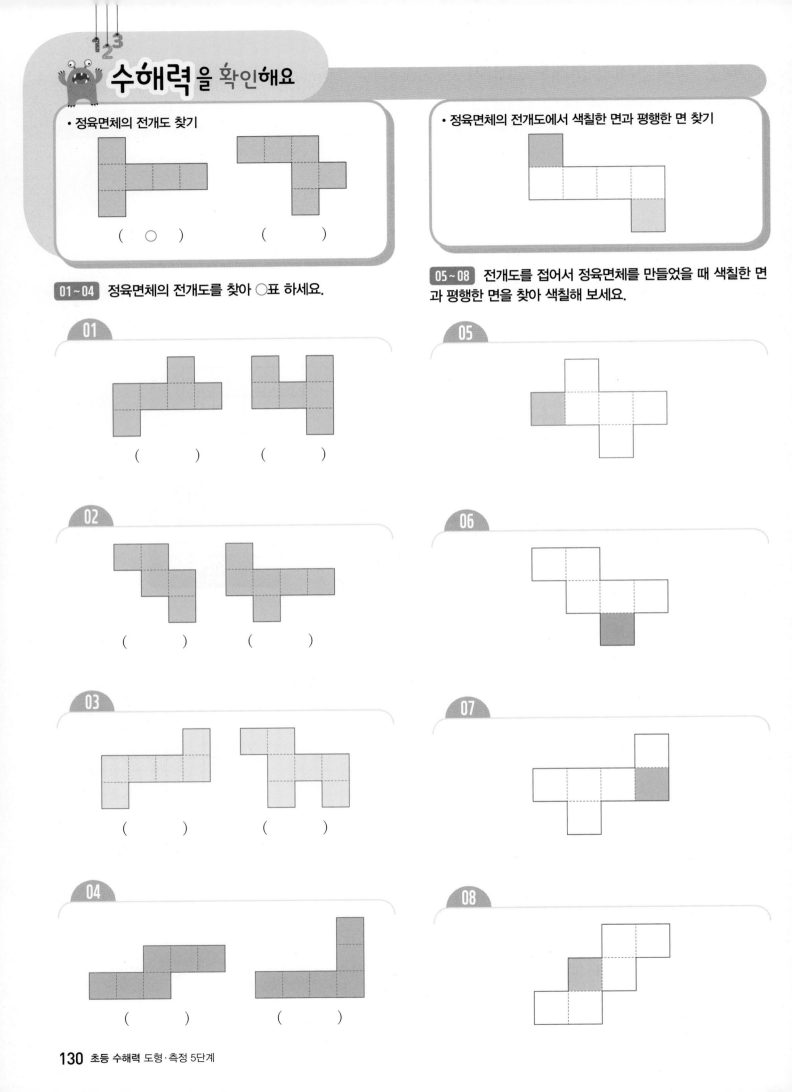

• 정육면체의 전개도 찾기

(○)　　( )

• 정육면체의 전개도에서 색칠한 면과 평행한 면 찾기

01~04 정육면체의 전개도를 찾아 ○표 하세요.

05~08 전개도를 접어서 정육면체를 만들었을 때 색칠한 면과 평행한 면을 찾아 색칠해 보세요.

01

( )　　( )

05

02

( )　　( )

06

03

( )　　( )

07

04

( )　　( )

08

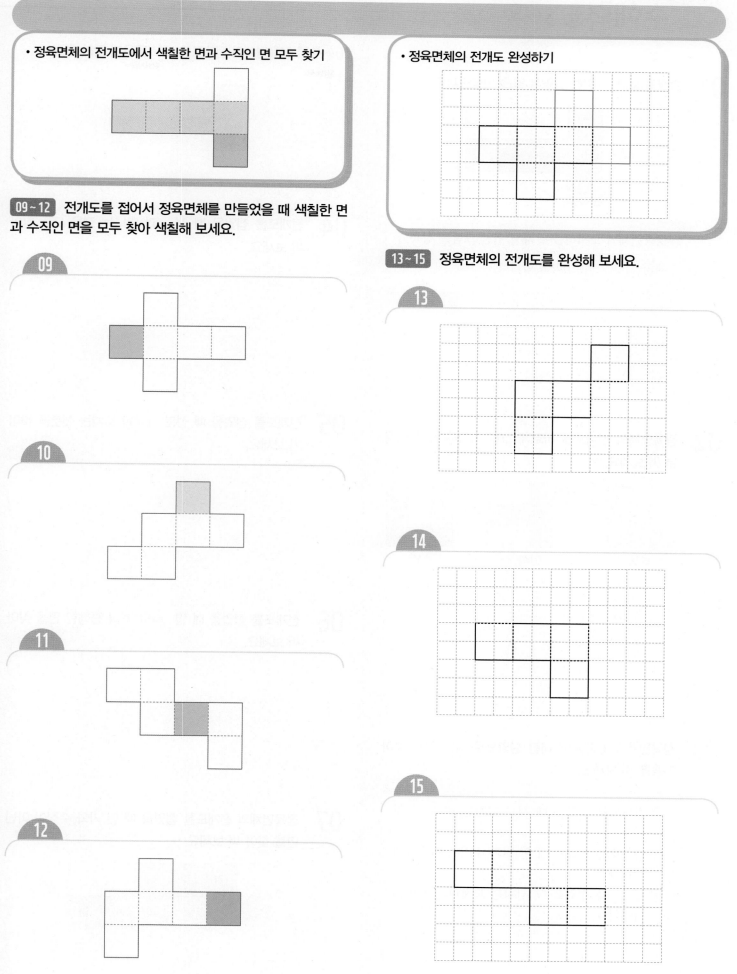

• 정육면체의 전개도에서 색칠한 면과 수직인 면 모두 찾기

• 정육면체의 전개도 완성하기

09~12 전개도를 접어서 정육면체를 만들었을 때 색칠한 면과 수직인 면을 모두 찾아 색칠해 보세요.

13~15 정육면체의 전개도를 완성해 보세요.

09

13

10

11

14

12

15

01 그림을 보고 □ 안에 알맞은 말을 써넣으세요.

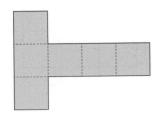

정육면체의 모서리를 잘라서 펼친 그림을 정육면체의 □ (이)라고 합니다.

02 정육면체의 전개도를 바르게 그린 사람을 찾아 이름을 써 보세요.

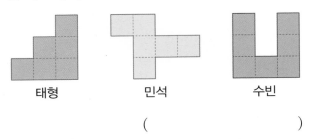

태형　　　　민석　　　　수빈

（　　　　　　　　）

03 정육면체의 전개도에 대한 설명으로 옳은 것을 찾아 기호를 써 보세요.

ⓐ 전개도를 접었을 때 서로 평행한 면은 6쌍입니다.
ⓑ 전개도를 접었을 때 한 면과 수직인 면은 4개입니다.
ⓒ 전개도를 접었을 때 겹치는 모서리의 길이는 다릅니다.

（　　　　　　　　）

[04~06] 정육면체의 전개도를 보고 물음에 답하세요.

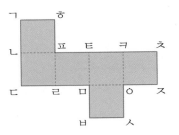

04 전개도를 접었을 때 점 ㄷ과 만나는 점을 모두 찾아 써 보세요.

（　　　　　　　　）

05 전개도를 접었을 때 선분 ㄱㅎ과 겹치는 선분을 찾아 써 보세요.

（　　　　　　　　）

06 전개도를 접었을 때 면 ㅍㄹㅁㅌ과 평행한 면을 찾아 써 보세요.

（　　　　　　　　）

07 정육면체의 전개도를 접었을 때 면 가와 수직이 아닌 면을 찾아 써 보세요.

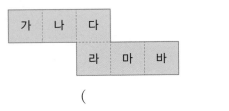

（　　　　　　　　）

08 정육면체의 모서리를 잘라서 펼친 그림입니다. □ 안에 알맞은 기호를 써넣으세요.

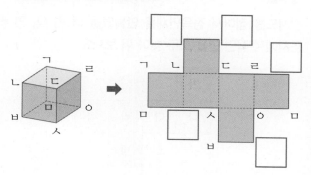

09 한 모서리의 길이가 **4 cm**인 정육면체의 전개도를 그려 보세요.

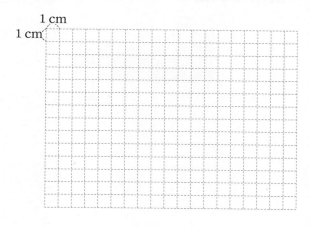

10 전개도를 접어서 만들 수 있는 정육면체의 모든 모서리의 길이의 합은 몇 **cm**인지 구해 보세요.

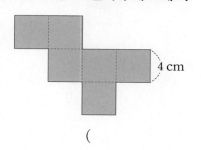

( )

⑪ 실생활 활용 ‖‖‖‖‖‖‖‖‖‖‖‖‖‖‖‖‖‖‖‖‖‖‖‖‖‖‖‖‖‖‖

윤아는 정육면체 모양의 마술 상자의 모서리를 잘라 전개도를 만들었습니다. 윤아가 만든 마술 상자의 전개도를 찾아 ○표 하세요.

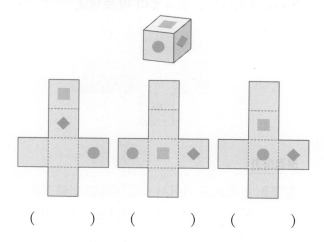

( ) ( ) ( )

⑫ 교과 융합 ‖‖‖‖‖‖‖‖‖‖‖‖‖‖‖‖‖‖‖‖‖‖‖‖‖‖‖‖‖‖‖

펜토미노는 고대 로마에서 유래된 퍼즐로 5개의 정사각형을 이어 붙여 만든 도형입니다. 펜토미노는 다음과 같이 12가지 알파벳 모양입니다.

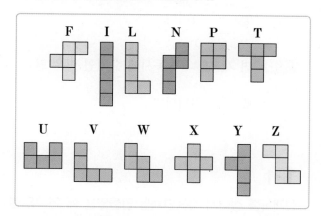

W 모양에 정사각형 1개를 더 붙여 정육면체의 전개도를 만들려고 합니다. 정육면체의 전개도가 될 수 있는 곳의 기호를 써 보세요.

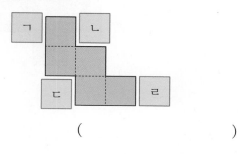

( )

대표 응용
1 정육면체의 전개도에서 평행한 면, 수직인 면 찾기

전개도를 접어서 정육면체를 만들었을 때 면 가, 면 나와 동시에 수직인 면을 모두 찾아 써 보세요.

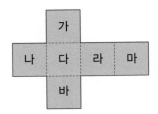

해결하기

1단계 전개도를 접어서 정육면체를 만들었을 때 서로 수직인 면은 (만나는 , 만나지 않는) 면 입니다.

2단계 면 가와 수직인 면은 면 나, 면 ☐, 면 ☐, 면 ☐ 입니다.

면 나와 수직인 면은 면 가, 면 ☐, 면 ☐, 면 ☐ 입니다.

3단계 면 가, 면 나와 동시에 수직인 면은 면 ☐, 면 ☐ 입니다.

1-1

전개도를 접어서 정육면체를 만들었을 때 면 가, 면 마와 동시에 수직인 면을 모두 찾아 써 보세요.

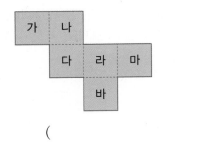

(   )

1-2

전개도를 접어서 정육면체를 만들었을 때 면 다, 면 바와 동시에 수직인 면을 모두 찾아 써 보세요.

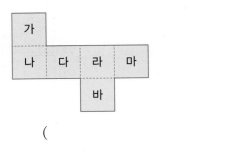

(   )

1-3

전개도를 접어서 정육면체를 만들었습니다. 면 가, 면 다 가 옆면일 때 밑면을 모두 찾아 써 보세요.

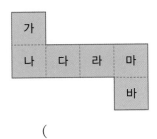

(   )

1-4

전개도를 접어서 정육면체를 만들었습니다. 면 나, 면 라 가 옆면일 때 밑면을 모두 찾아 써 보세요.

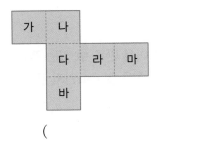

(   )

대표 응용
2 정육면체의 전개도의 둘레 구하기

정육면체의 전개도의 둘레는 몇 **cm**인지 구해 보세요.

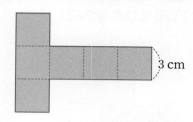

해결하기

[1단계] 정육면체는 모서리의 길이가 모두
(같습니다 , 다릅니다).

[2단계] 정육면체의 전개도의 둘레는 한 모서리의 길이
의 ☐ 배입니다.

[3단계] 정육면체의 전개도의 둘레는
☐ × ☐ = ☐ (cm)입니다.

2-1

정육면체의 전개도의 둘레는 몇 **cm**인지 구해 보세요.

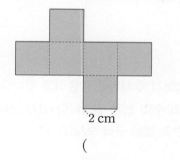

(   )

2-2

정육면체의 전개도의 둘레는 몇 **cm**인지 구해 보세요.

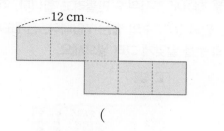

(   )

2-3

정육면체의 전개도의 둘레가 **84 cm**일 때 정육면체의 한
모서리의 길이는 몇 **cm**인지 구해 보세요.

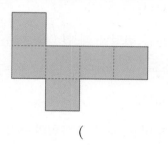

(   )

2-4

정육면체의 전개도의 둘레가 **70 cm**일 때 선분 ㄱㄴ은
몇 **cm**인지 구해 보세요.

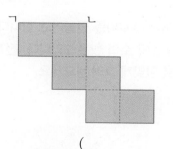

(   )

수해력을 완성해요

대표 응용 3 주사위 만들기

전개도를 접어서 주사위를 만들려고 합니다. 주사위의 마주 보는 면의 눈의 수의 합은 7입니다. 전개도의 빈 곳에 주사위의 눈을 알맞게 그려 넣으세요.

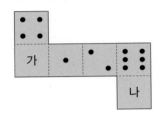

해결하기

1단계 전개도를 접었을 때 면 가와 마주 보는 면의 눈의 수는 □ 이므로 면 가에는 □ 의 눈을 그립니다.

2단계 전개도를 접었을 때 면 나와 마주 보는 면의 눈의 수는 □ 이므로 면 나에는 □ 의 눈을 그립니다.

3단계 전개도의 빈 곳에 주사위의 눈을 그려 넣으면

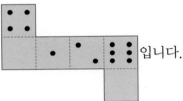 입니다.

3-1

전개도를 접어서 주사위를 만들려고 합니다. 주사위의 마주 보는 면의 눈의 수의 합은 7입니다. 전개도의 빈 곳에 주사위의 눈을 알맞게 그려 넣으세요.

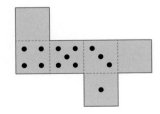

3-2

전개도를 접어서 주사위를 만들려고 합니다. 주사위의 마주 보는 면의 눈의 수의 합은 7입니다. 전개도의 빈 곳에 주사위의 눈을 알맞게 그려 넣으세요.

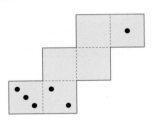

3-3

전개도를 접어서 주사위를 만들려고 합니다. 주사위의 마주 보는 면의 눈의 수의 합은 같습니다. 전개도의 빈 곳에 주사위의 눈을 알맞게 그려 넣으세요.

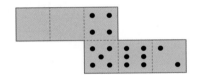

3-4

전개도를 접어서 주사위를 만들려고 합니다. 주사위의 마주 보는 면의 수의 합은 같습니다. 2가 쓰여진 면과 수직인 면들의 수의 합을 구해 보세요.

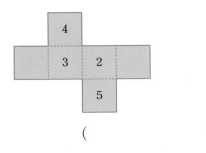

(   )

대표 응용 4 **다른 모양으로 그린 정육면체의 전개도에 알맞은 모양 그리기**

정육면체의 전개도를 두 가지 방법으로 그렸습니다. 오른쪽 정육면체의 전개도에서 ■를 그려야 할 면을 찾아 써 보세요.

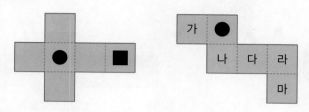

해결하기

1단계 왼쪽 정육면체의 전개도에서 ●와 ■가 그려진 면은 서로 (평행합니다 , 수직입니다).

2단계 오른쪽 정육면체의 전개도를 접었을 때 ●가 그려진 면과 평행한 면은 면 ☐ 입니다.

3단계 오른쪽 정육면체의 전개도에서 ■를 그려야 할 면은 면 ☐ 입니다.

4-1

정육면체의 전개도를 두 가지 방법으로 그렸습니다. 오른쪽 정육면체의 전개도에서 ●를 그려야 할 면을 찾아 써 보세요.

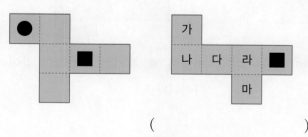

(   )

4-2

정육면체의 전개도를 두 가지 방법으로 그렸습니다. 오른쪽 정육면체의 전개도에 ◆, ■를 알맞게 그려 넣으세요.

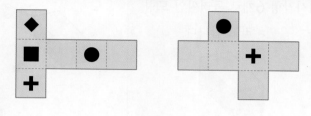

4-3

정육면체의 전개도를 두 가지 방법으로 그렸습니다. 오른쪽 정육면체의 전개도에 ●, □, ○를 알맞게 그려 넣으세요.

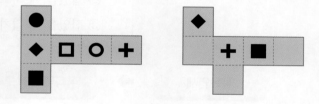

4-4

정육면체의 전개도를 두 가지 방법으로 그렸습니다. 오른쪽 정육면체의 전개도에 □, ✛, ●, ◆를 알맞게 그려 넣으세요.

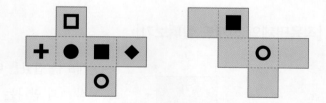

4. 직육면체의 전개도

개념 1 직육면체의 전개도

이미 배운 직육면체

직사각형 **6**개로 둘러싸인 도형을 직육면체라고 합니다.

새로 배울 직육면체의 전개도

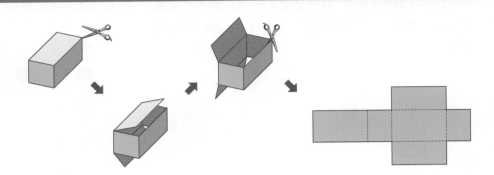

직육면체의 모서리를 잘라서 펼친 그림을 직육면체의 전개도라고 합니다.

- 직육면체의 전개도의 특징
  ① 직사각형 **6**개로 이루어져 있습니다.
  ② 접었을 때 서로 겹치는 면이 없습니다.
  ③ 접었을 때 겹치는 모서리의 길이가 같습니다.

직육면체 ➡ 직육면체의 모서리를 잘라서 펼치기 ➡ 직육면체의 전개도

[직육면체의 전개도가 아닌 경우]

면이 1개 부족합니다.

서로 겹쳐요.

접었을 때 서로 겹치는 면이 있습니다.

길이가 달라요.

접었을 때 겹치는 모서리의 길이가 다릅니다.

[직육면체의 전개도 살펴보기]

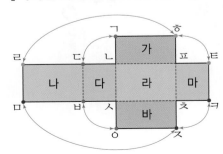

전개도를 접었을 때

- 점 ㄱ과 만나는 점: 점 ㄷ
- 선분 ㄹㅁ과 겹치는 선분: 선분 ㅌㅋ
- 면 가와 평행한 면: 면 바
- 면 가와 수직인 면: 면 나, 면 다, 면 라, 면 마

개념 2 직육면체의 전개도 그리기

이미 배운 직육면체의 전개도

직육면체의 모서리를 잘라서 펼친 그림을 직육면체의 전개도라고 합니다.

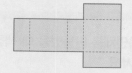

새로 배울 직육면체의 전개도 그리기

직육면체의 전개도를 그리는 방법

① 잘린 모서리는 실선으로, 잘리지 않은 모서리는 점선으로 그립니다.

② 서로 마주 보고 있는 면은 모양과 크기가 같게 그립니다.

③ 접었을 때 서로 겹치는 면이 없게 그립니다.

④ 접었을 때 겹치는 모서리의 길이가 같게 그립니다.

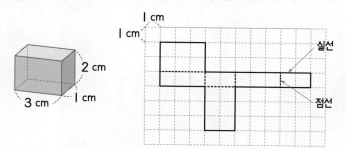

[직육면체의 전개도를 여러 가지 방법으로 그리기]

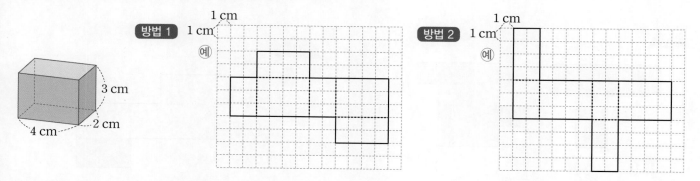

[그릴 수 있는 직육면체의 전개도]

직육면체의 전개도는 모서리를 자르는 방법에 따라 다음과 같이 여러 가지로 그릴 수 있습니다.

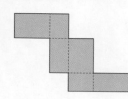
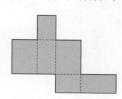

전개도를 접으면 똑같은 직육면체를 만들 수 있어요.

• 직육면체의 전개도 찾기

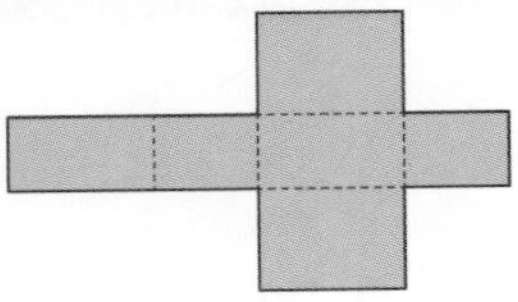

(○)　　　　　( )

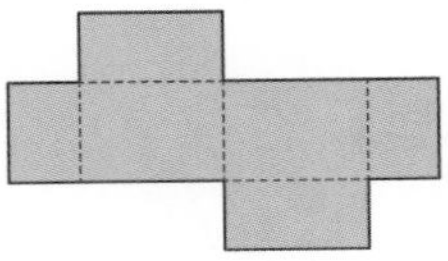

• 직육면체의 전개도에서 색칠한 면과 평행한 면 찾기

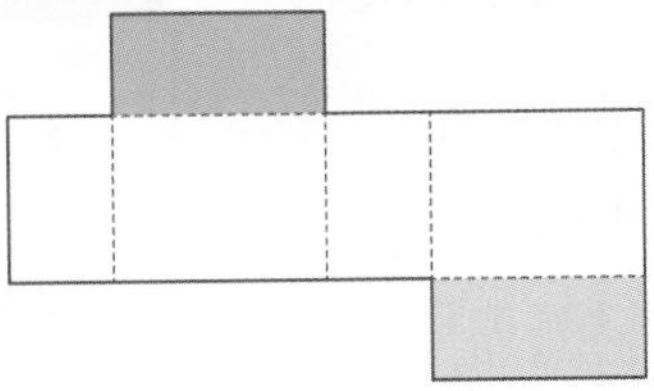

01~04 직육면체의 전개도를 찾아 ○표 하세요.

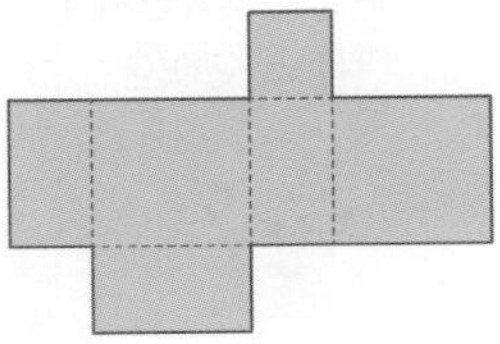

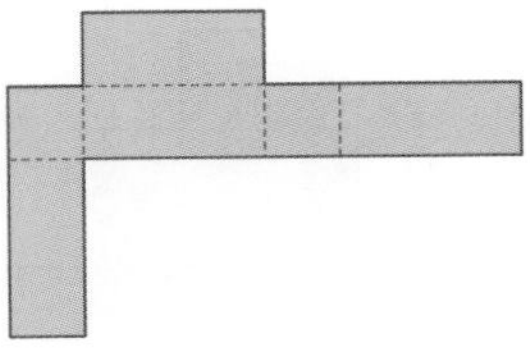

05~08 전개도를 접어서 직육면체를 만들었을 때 색칠한 면과 평행한 면을 찾아 색칠해 보세요.

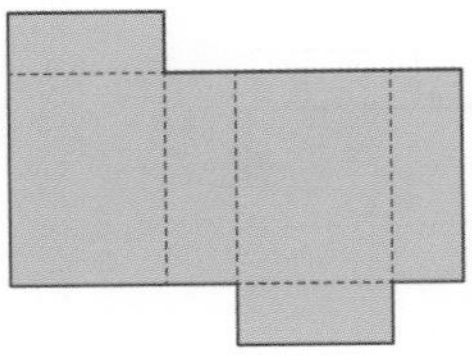

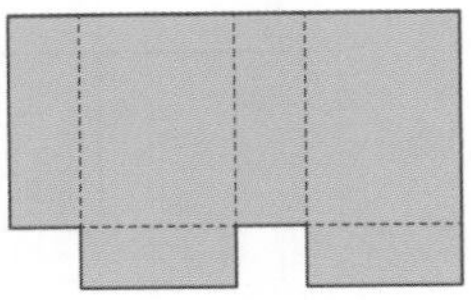

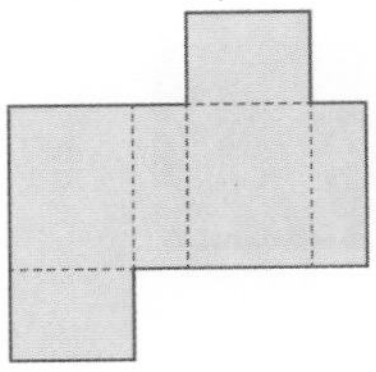

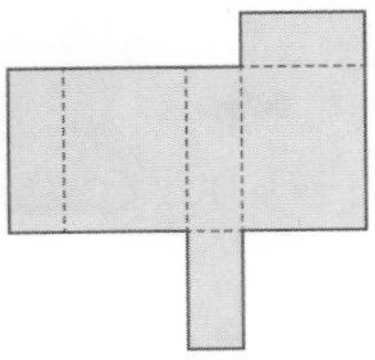

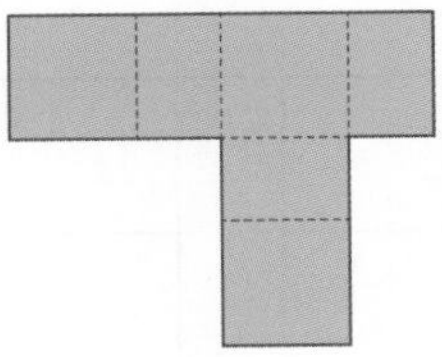

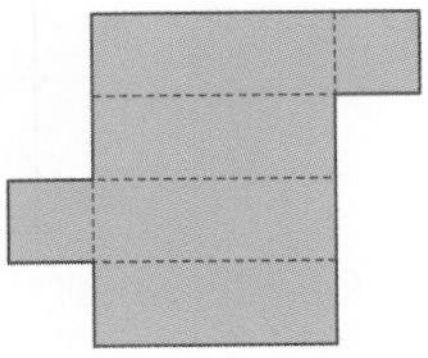

01

( )　　　　　( )

05

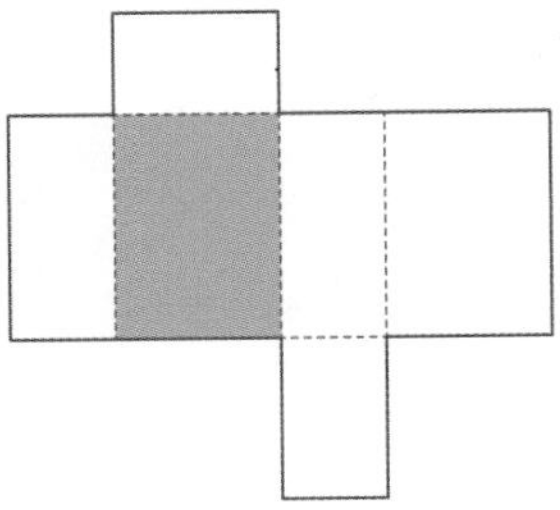

02

( )　　　　　( )

06

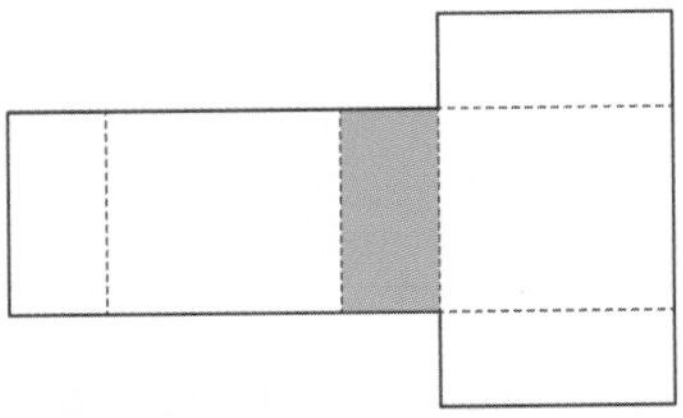

03

( )　　　　　( )

07

04

( )　　　　　( )

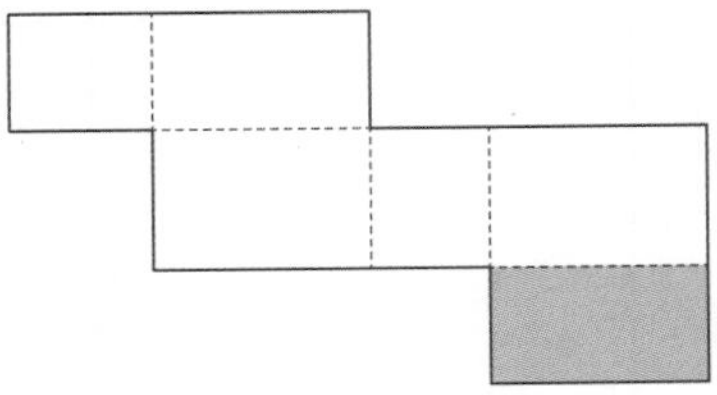

08

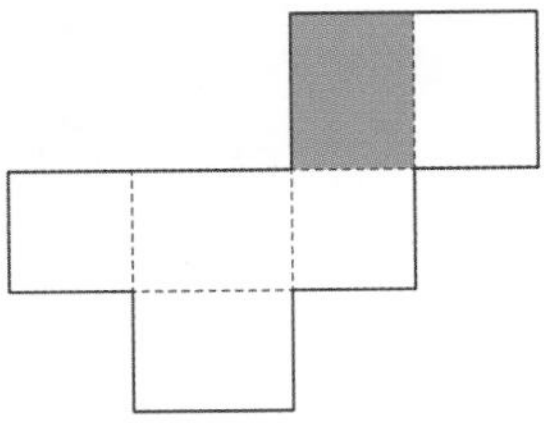

• 직육면체의 전개도에서 색칠한 면과 수직인 면 모두 찾기

• 직육면체의 전개도 그리기

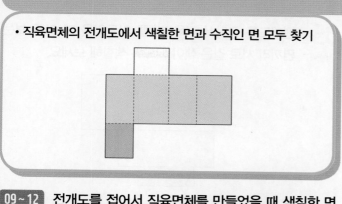

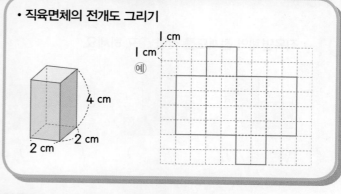

09~12 전개도를 접어서 직육면체를 만들었을 때 색칠한 면과 수직인 면을 모두 찾아 색칠해 보세요.

13~14 직육면체의 전개도를 그려 보세요.

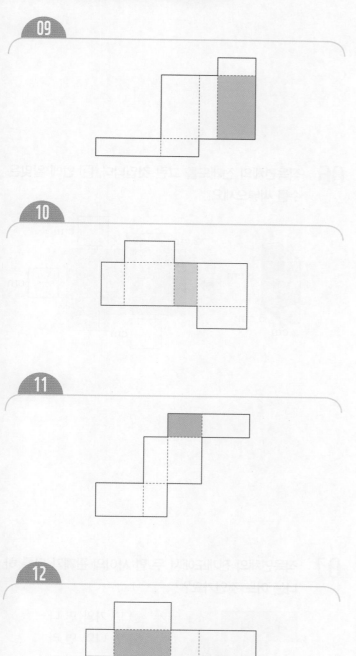

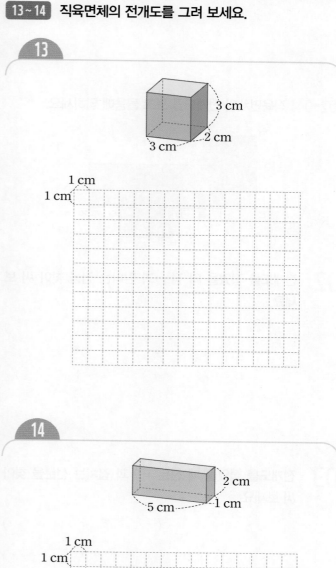

01 직육면체의 전개도를 찾아 ○표 하세요.

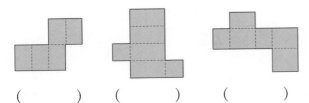

( )　　( )　　( )

[02~04] 직육면체의 전개도를 보고 물음에 답하세요.

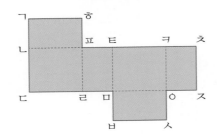

02 전개도를 접었을 때 점 ㄱ과 만나는 점을 찾아 써 보세요.

( )

03 전개도를 접었을 때 선분 ㅂㅅ과 겹치는 선분을 찾아 써 보세요.

( )

04 전개도를 접었을 때 면 ㄴㄷㄹㅍ과 수직인 면을 모두 찾아 써 보세요.

( )

05 전개도를 접어서 직육면체를 만들었을 때 마주 보는 면끼리 서로 같은 색이 되도록 색칠해 보세요.

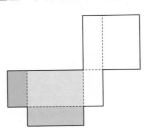

06 직육면체의 전개도를 그린 것입니다. □ 안에 알맞은 수를 써넣으세요.

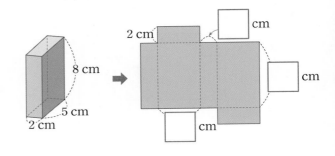

07 직육면체의 전개도에서 두 면 사이의 관계가 <u>다른</u> 하나는 어느 것인가요? ( )

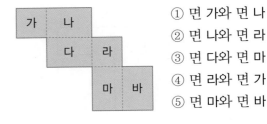

① 면 가와 면 나
② 면 나와 면 라
③ 면 다와 면 마
④ 면 라와 면 가
⑤ 면 마와 면 바

08 오른쪽 직육면체의 전개도에서 실선으로 그린 모서리 중 ㉠과 길이가 같은 모서리는 ㉠을 포함하며 모두 몇 개인지 구해 보세요.

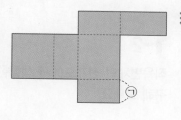

(   )

09 전개도를 보고 알맞은 직육면체를 찾아 ○표 하세요.

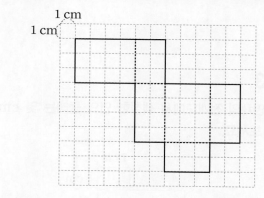

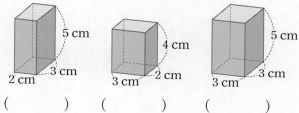

(   )   (   )   (   )

10 오른쪽 직육면체의 겨냥도를 보고 전개도를 그려 보세요.

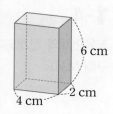

11 실생활 활용

직육면체 모양의 피자 상자의 전개도입니다. 선분 ㄱㄴ은 몇 **cm**인지 구해 보세요.

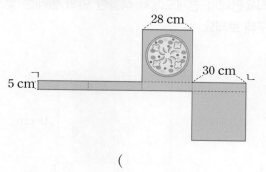

(   )

12 교과 융합

미니어처는 실물과 같은 모양으로 정교하게 만들어진 작은 모형입니다. 아파트 미니어처를 만들기 위한 전개도를 그릴 때 필요한 직사각형을 모두 찾아 기호를 써 보세요.

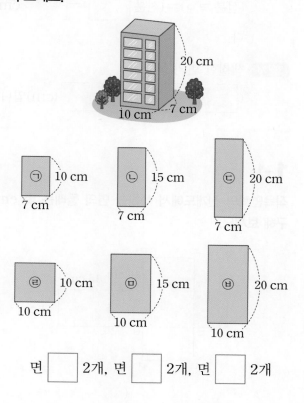

면 ☐ 2개, 면 ☐ 2개, 면 ☐ 2개

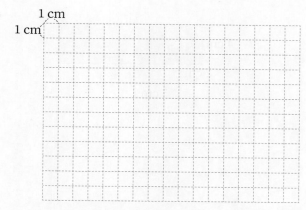

수해력을 완성해요

대표 응용 1 직육면체의 전개도에서 색칠한 면의 둘레(넓이) 구하기

직육면체의 전개도에서 색칠한 면의 둘레는 몇 cm인지 구해 보세요.

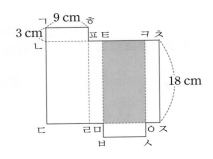

해결하기

1단계 접었을 때 선분 ㅌㅋ과 겹치는 선분은

선분 ▯이므로

(선분 ㅌㅋ)＝(선분 ▯)＝▯ cm입니다.

2단계 선분 ㅋㅇ은 선분 ㅊㅈ과 평행하므로

(선분 ㅋㅇ)＝(선분 ▯)＝▯ cm입니다.

3단계 색칠한 면의 둘레는

(▯＋▯)×2＝▯ (cm)입니다.

1-1

직육면체의 전개도에서 색칠한 면의 둘레는 몇 cm인지 구해 보세요.

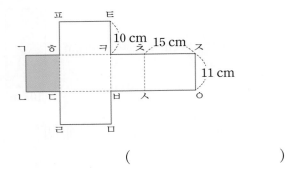

(   )

1-2

직육면체의 전개도에서 색칠한 면의 넓이는 몇 cm²인지 구해 보세요.

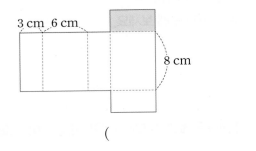

(   )

1-3

직육면체의 전개도에서 색칠한 면의 둘레는 몇 cm인지 구해 보세요.

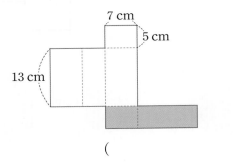

(   )

1-4

직육면체의 전개도에서 색칠한 면의 넓이는 몇 cm²인지 구해 보세요.

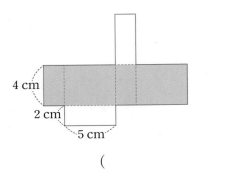

(   )

대표 응용
2 전개도를 접어서 만든 직육면체의 모든 모서리의 길이의 합 구하기

전개도를 접어서 만든 직육면체의 모든 모서리의 길이의 합은 몇 **cm**인지 구해 보세요.

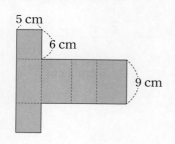

해결하기

1단계 전개도를 접어서 만든 직육면체에는 길이가 각각 5 cm, 6 cm, ☐ cm인 모서리가 ☐ 개씩 있습니다.

2단계 전개도를 접어서 만든 직육면체의 모든 모서리의 길이의 합은

(5+☐+☐)×☐=☐ (cm)입니다.

2-1

전개도를 접어서 만든 직육면체의 모든 모서리의 길이의 합은 몇 **cm**인지 구해 보세요.

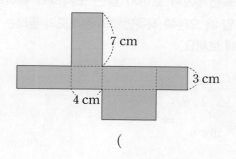

( )

2-2

전개도를 접어서 만든 직육면체의 모든 모서리의 길이의 합은 몇 **cm**인지 구해 보세요.

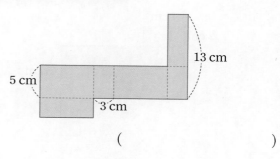

( )

2-3

전개도를 접어서 만든 직육면체의 모든 모서리의 길이의 합은 몇 **cm**인지 구해 보세요.

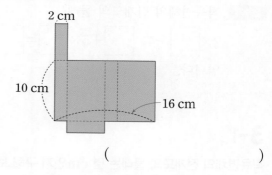

( )

2-4

전개도를 접어서 만든 직육면체의 모든 모서리의 길이의 합은 136 cm입니다. ☐ 안에 알맞은 수를 써넣으세요.

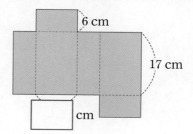

수해력을 완성해요

대표 응용 3 직육면체의 전개도의 둘레 구하기

직육면체의 전개도의 둘레는 몇 cm인지 구해 보세요.

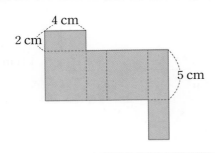

해결하기

1단계 직육면체의 전개도의 둘레에서 길이가 2 cm 인 선분은 ☐ 개, 4 cm인 선분은 ☐ 개, 5 cm인 선분은 ☐ 개입니다.

2단계 직육면체의 전개도의 둘레는

$2×$ ☐ $+4×$ ☐ $+5×$ ☐ $=$ ☐ (cm) 입니다.

3-1

직육면체의 전개도의 둘레는 몇 cm인지 구해 보세요.

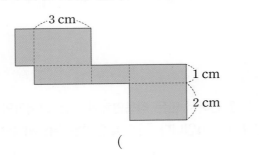

(   )

3-2

직육면체의 전개도에서 점선으로 나타낸 선분의 길이의 합은 몇 cm인지 구해 보세요.

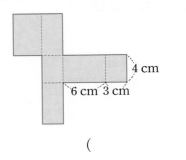

(   )

3-3

직육면체의 전개도의 둘레는 몇 cm인지 구해 보세요.

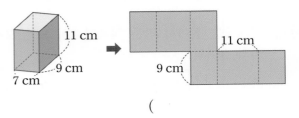

(   )

3-4

왼쪽 직육면체에서 보이지 않는 모서리의 길이의 합이 19 cm일 때 오른쪽 직육면체의 전개도의 둘레는 몇 cm 인지 구해 보세요.

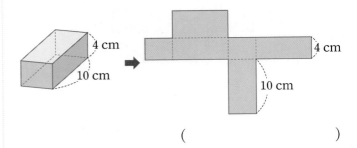

(   )

대표 응용
4 직육면체의 전개도에 선 긋기

직육면체 모양의 상자에 선을 그었습니다. 그은 선을 전개도에 나타내 보세요.

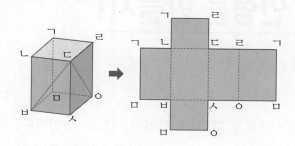

해결하기

1단계 선을 그은 면은 면 ㄴㅂㅅㄷ과 면 ⬚ 입니다.

2단계 면 ㄴㅂㅅㄷ에서는 점 ㄷ과 점 ⬚ 을 선으로 잇고, 면 ㄷㅅㅇㄹ에서는 점 ㄷ과 점 ⬚ 을 선으로 잇습니다.

3단계 그은 선을 오른쪽 전개도에 나타냅니다.

4-1

직육면체 모양의 상자에 선을 그었습니다. 그은 선을 전개도에 나타내 보세요.

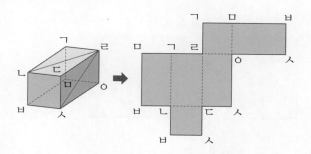

4-2

직육면체 모양의 상자에 선을 그었습니다. 그은 선을 전개도에 나타내 보세요.

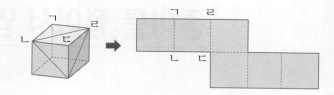

4-3

직육면체 모양의 상자에 선을 그었습니다. 그은 선을 전개도에 나타내 보세요.

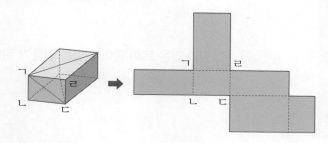

4-4

직육면체 모양의 상자에 선을 그었습니다. 그은 선을 전개도에 나타내 보세요.

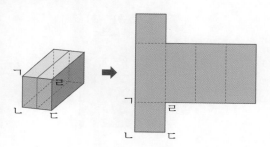

종이를 접어서 입체 인형을 만들자!

페이퍼 크래프트는 종이 공예의 하나로 종이에 그림을 그리고 오린 후 접어서 만드는 것입니다. 이미 그려진 도안은 오려 접기만 하면 되므로 누구나 쉽게 만들 수 있고, 내가 직접 그림을 그려 원하는 인형도 만들 수 있습니다. 주어진 종이 인형을 만들기 위한 전개도를 알아보고 전개도에 그림을 그려 종이 인형을 만들어 볼까요?

활동 1 그림과 같은 토끼 종이 인형을 만들기 위한 직육면체의 전개도를 찾아 ○표 하세요.

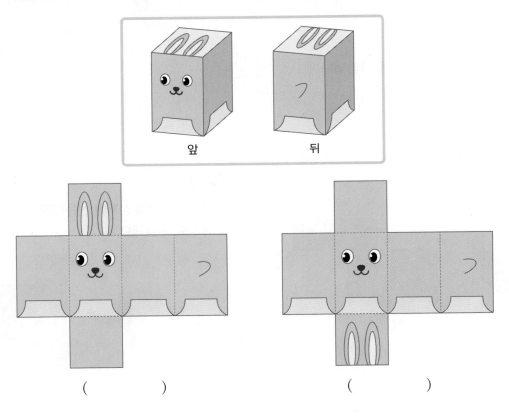

앞　　　　　　뒤

(　　　　　)　　　　　　(　　　　　)

활동 2   그림과 같은 코끼리 종이 인형을 만들기 위해 직육면체의 전개도를 그리고 있습니다. 전개도에서 코끼리의 귀를 그려야 하는 면을 모두 찾아 써 보세요.

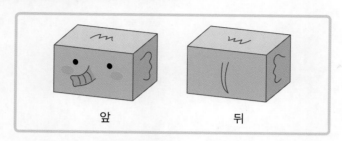

앞   뒤

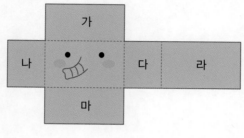

(   )

활동 3   **나만의 종이 인형을 만들어 보아요.**

(1) 만들고 싶은 종이 인형의 앞과 뒤에서 본 모양을 각각 그려 보세요.

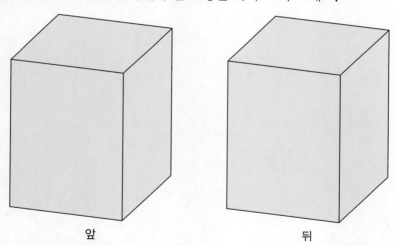

앞   뒤

🔔 **[부록]의 자료를 사용하세요.**

(2) 만들고 싶은 종이 인형을 전개도를 그려 만들어 보세요.

MEMO

생활 속에서 어떤 선대칭도형을 만날 수 있을까요?
대칭을 이해하고 수학의 아름다움을 느껴 보아요.

- 도형 · 측정 5단계 2단원 '합동과 대칭'

표지 이야기

생활 속에서 어떤 선대칭도형을 만날 수 있을까요?
대칭을 이해하고 수학의 아름다움을 느껴 보아요.

- 도형 · 측정 5단계 2단원 '합동과 대칭'

인터넷·모바일·TV
무료 강의 제공

초 | 등 | 부 | 터 EBS

완벽 개념
이미 배운 개념과
새로 배울 개념을
비교해서 수학을 쉽게!

강화 단원
개념부터 응용까지
학생들이 어려워하는
단원을 집중적으로!

영역 특화
수·연산, 도형·측정
각 영역 특성에 맞는
학습으로 1년 완성!

초등 수해력

도형·측정

다음 학년 수학이 쉬워지는

정답과 풀이

5 단계

| 초등 5학년 권장 |

초등

도형·측정

다음 학년 수학이 쉬워지는

초등 수해력

5단계

| 초등 5학년 권장 |

정답과 풀이

다각형의 둘레와 넓이

1. 정다각형과 사각형의 둘레

수해력을 확인해요   12~13쪽

01 28 cm	05 24 cm
02 15 cm	06 14 cm
03 48 cm	07 34 cm
04 28 cm	08 46 cm
09 34 cm	13 28 cm
10 46 cm	14 36 cm
11 44 cm	15 40 cm
12 36 cm	16 56 cm

수해력을 높여요   14~15쪽

01 6, 6, 3, 18	02 ㉡
03 70 cm	04 28 cm
05 64 cm	06 나
07 7 cm	08 풀이 참조
09 10 cm	10 6
11 105	12 ( ) ( ) (○)

01 (정삼각형의 둘레)$=6+6+6$
$\qquad\qquad\qquad\quad=6\times3=18\,(cm)$

02 (평행사변형의 둘레)$=\underset{㉠}{\underline{8+7+8+7}}$
$\qquad\qquad\qquad\quad=\underset{㉡}{\underline{(8+7)\times2}}=30\,(cm)$

03 (정오각형의 둘레)$=$(한 변의 길이)$\times$(변의 수)
$\qquad\qquad\qquad\quad=14\times5=70\,(cm)$

04 (직사각형의 둘레)$=($(가로)$+$(세로)$)\times2$
$\qquad\qquad\qquad\quad=(9+5)\times2=28\,(cm)$

05 (마름모의 둘레)$=$(한 변의 길이)$\times4$
$\qquad\qquad\qquad\quad=16\times4=64\,(cm)$

06 (평행사변형 가의 둘레)$=(10+6)\times2=32\,(cm)$
(마름모 나의 둘레)$=11\times4=44\,(cm)$
➡ $32\,cm<44\,cm$이므로 둘레가 더 긴 것은 마름모 나입니다.

07 **해설 나침반**
(정다각형의 둘레)$=$(한 변의 길이)$\times$(변의 수)이므로
(한 변의 길이)$=$(정다각형의 둘레)$\div$(변의 수)입니다.

정사각형은 네 변의 길이가 모두 같으므로 한 변의 길이를 $28\div4=7\,(cm)$로 해야 합니다.

08 ($($가로$)+($세로$))\times2=24\,(cm)$이므로
(가로)$+$(세로)$=12\,(cm)$인 직사각형을 그립니다.

해설 플러스
합이 12가 되는 두 수는 (11, 1), (10, 2), (9, 3), (8, 4), (7, 5), (6, 6), (5, 7), (4, 8), (3, 9), (2, 10), (1, 11)이 있으므로 각각 (가로, 세로)로 하여 직사각형을 그리면 됩니다.

09 (직사각형의 둘레)$=(12+8)\times2=40\,(cm)$
마름모의 둘레도 40 cm이므로
(마름모의 한 변의 길이)$=40\div4=10\,(cm)$입니다.

10 (정구각형의 둘레)$=4\times9=36\,(cm)$
정육각형의 둘레도 36 cm이므로
(정육각형의 한 변의 길이)$=36\div6=6\,(cm)$입니다.

11 축구장의 가로가 □ m이므로
$(□+68)\times2=346$, $□+68=173$, $□=105$입니다.

12 (정육각형 모양의 보석함의 한 변의 길이)
$=72\div6=12\,(cm)$
(정사각형 모양의 보석함의 한 변의 길이)
$=56\div4=14\,(cm)$
(정팔각형 모양의 보석함의 한 변의 길이)
$=88\div8=11\,(cm)$
➡ $11\,cm<12\,cm<14\,cm$이므로 한 변의 길이가 가장 짧은 보석함은 정팔각형 모양의 보석함입니다.

수해력을 완성해요

대표 응용 1 3 / 11 / 3, 11, 33

1-1 49 cm   **1-2** 72 cm

1-3 20 cm   **1-4** 48 cm

대표 응용 2 8 / 8, 2, 60, 8, 30, 22, 11 / 11

2-1 12 cm   **2-2** 19 cm

2-3 22 cm   **2-4** 20 cm

1-1 정삼각형의 한 변의 길이는 7 cm이고 이어 붙인 도형의 둘레는 정삼각형의 한 변의 길이의 7배입니다.

➡ (이어 붙인 도형의 둘레)$=7 \times 7 = 49$ (cm)

1-2 정육각형의 한 변의 길이는 4 cm이고 이어 붙인 도형의 둘레는 정육각형의 한 변의 길이의 18배입니다.

➡ (이어 붙인 도형의 둘레)$=4 \times 18 = 72$ (cm)

1-3

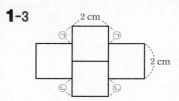

$\bigcirc+2+\bigcirc=2+2=4$ (cm), $\bigcirc+\bigcirc=2$ (cm)이므로 이어 붙인 도형의 둘레는 정사각형의 한 변의 길이의 10배입니다.

➡ (이어 붙인 도형의 둘레)$=2 \times 10 = 20$ (cm)

1-4 정사각형의 한 변의 길이는 $12 \div 4 = 3$ (cm)입니다.

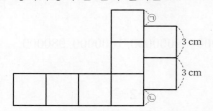

$\bigcirc+3+3+\bigcirc=3+3+3=9$ (cm), $\bigcirc+6+\bigcirc=9$ (cm), $\bigcirc+\bigcirc=3$ (cm)이므로 이어 붙인 도형의 둘레는 정사각형의 한 변의 길이의 16배입니다.

➡ (이어 붙인 도형의 둘레)$=3 \times 16 = 48$ (cm)

2-1 직사각형의 가로를 □ cm라 하면 세로는
$(\square+4)$ cm이므로 $(\square+\square+4) \times 2 = 56$,
$\square+\square+4=28$, $\square+\square=24$, $\square=12$입니다.
따라서 직사각형의 가로는 12 cm입니다.

2-2 평행사변형의 긴 변의 길이를 □ cm라 하면 짧은 변의 길이는 $(\square-16)$ cm이므로
$(\square+\square-16) \times 2 = 108$, $\square+\square-16=54$,
$\square+\square=70$, $\square=35$입니다.
따라서 평행사변형의 짧은 변의 길이는
$35-16=19$ (cm)입니다.

2-3 (철사의 길이)$=$(정육각형의 둘레)$=14 \times 6 = 84$ (cm)
직사각형의 세로를 □ cm라 하면 가로는 $(\square-2)$ cm
이므로 $(\square-2+\square) \times 2 = 84$, $\square-2+\square=42$,
$\square+\square=44$, $\square=22$입니다.
따라서 직사각형의 세로는 22 cm로 해야 합니다.

2-4 (정사각형의 둘레)$=5 \times 4 = 20$ (cm)
(평행사변형을 만드는 데 사용한 철사의 길이)
$=88-20=68$ (cm)
평행사변형의 짧은 변의 길이를 □ cm라 하면 긴 변의 길이는 $(\square+6)$ cm이므로
$(\square+\square+6) \times 2 = 68$, $\square+\square+6=34$,
$\square+\square=28$, $\square=14$입니다.
따라서 평행사변형의 긴 변의 길이는 $14+6=20$ (cm)입니다.

2. 넓이의 단위

수해력을 확인해요

01 30000	06 4000000
02 50000	07 10000000
03 8	08 6
04 70	09 31
05 29000	10 8070000
	11 9.5
12 <	17 =
13 <	18 >
14 >	19 <
15 =	20 <
16 <	21 >
	22 >

수해력을 높여요

01 100, 100 / 10000	**02** 2
03 다	**04** (1) 6 (2) 75000000
05 (1)—ⓒ (2)—ⓑ (3)—㉠	**06** ⓒ
07 ②	**08** ㉠
09 윤아	**10** 90 m²
11 16 m²	**12** km²

01 1 m=100 cm이므로 1 m²=10000 cm²입니다.

02

해설 나침반

도형의 넓이는 1cm²의 개수를 세어 구합니다.

도형 가는 1cm²가 8개 있으므로 8 cm²이고, 도형 나는 1cm²가 6개 있으므로 6 cm²입니다.
따라서 도형 가는 도형 나보다 8−6=2 (cm²) 더 넓습니다.

03 도형 가는 1cm²가 5개 있으므로 5 cm²입니다.
도형 나는 1cm²가 5개 있으므로 5 cm²입니다.
도형 다는 1cm²가 7개 있으므로 7 cm²입니다.
도형 라는 1cm²가 6개 있으므로 6 cm²입니다.
따라서 넓이가 7 cm²인 도형은 도형 다입니다.

04 (1) 10000 cm²=1 m²이므로
60000 cm²=6 m²입니다.
(2) 1 km²=1000000 m²이므로
75 km²=75000000 m²입니다.

05 1 m²=10000 cm²입니다.
(1) 14 m²=140000 cm²
(2) 1.4 m²=14000 cm²
(3) 140 m²=1400000 cm²

06

해설 나침반

cm², m², km²로 나타내기에 알맞은 넓이를 알아봅니다.

㉠ 스케치북의 넓이, ⓑ 손수건의 넓이는 cm²로 나타내기에 알맞습니다.
ⓒ 학교 운동장의 넓이는 m²로 나타내기에 알맞습니다.

07 ② 18 km²=18000000 m²

08 ㉠ 36 km²=36000000 m²
ⓑ 8200000 m²
➡ 36000000 m²>8200000 m²이므로 넓이가 더 넓은 것은 ㉠입니다.

[다른 풀이]
㉠ 36 km²
ⓑ 8200000 m²=8.2 km²
➡ 36 km²>8.2 km²이므로 넓이가 더 넓은 것은 ㉠입니다.

09 윤아: 연못의 넓이는 약 170 m²가 알맞습니다.

10 500000 cm²=50 m²
➡ (두 잔디밭의 넓이의 합)=40+50=90 (m²)

11 주방 및 거실에는 1 m²가 16번 들어가므로 주방 및 거실의 넓이는 16 m²입니다.

12 제주도의 넓이를 나타내기에 알맞은 넓이의 단위는 km²입니다.

수해력을 완성해요

대표 응용 1 1000000, 16, 16 / 10000, 80, 80
/ 80, 16, ⓑ

1-1 ㉠	**1-2** ⓑ
1-3 ⓒ, ㉠, ⓑ	**1-4** ㉠, ⓒ, ⓑ

대표 응용 2 9000000 / 9000000, 1000000, 980000
/ ⓑ

2-1 ⓒ	**2-2** ⓑ
2-3 ⓑ, ㉠, ⓒ, ㉣	**2-4** ⓑ, ⓒ, ㉣, ㉠

1-1 • 12 km²=12000000 m² → ㉠=12
• 40000 cm²=4 m² → ⓑ=4
➡ 12>4이므로 더 큰 수가 들어갈 것은 ㉠입니다.

1-2 • 0.7 km²=700000 m² → ㉠=700000
• 9 m²=90000 cm² → ⓑ=90000
➡ 90000<700000이므로 더 작은 수가 들어갈 것은 ⓑ입니다.

1-3 · $600000 \text{ cm}^2 = 60 \text{ m}^2 \rightarrow \bigcirc = 60$

· $0.13 \text{ km}^2 = 130000 \text{ m}^2 \rightarrow \bigcirc = 0.13$

· $0.5 \text{ km}^2 = 500000 \text{ m}^2 \rightarrow \bigcirc = 500000$

➡ $500000 > 60 > 0.13$이므로 들어갈 수가 큰 것부터 순서대로 기호를 쓰면 ㉢, ㉠, ㉡입니다.

1-4 · $1.9 \text{ m}^2 = 19000 \text{ cm}^2 \rightarrow \bigcirc = 1.9$

· $320000 \text{ cm}^2 = 32 \text{ m}^2 \rightarrow \bigcirc = 32$

· $8.7 \text{ km}^2 = 8700000 \text{ m}^2 \rightarrow \bigcirc = 8.7$

➡ $1.9 < 8.7 < 32$이므로 들어갈 수가 작은 것부터 순서대로 기호를 쓰면 ㉠, ㉢, ㉡입니다.

2-1 ㉠, ㉡의 단위가 m^2이므로 ㉢의 단위를 m^2로 나타내면 $4 \text{ km}^2 = 4000000 \text{ m}^2$입니다.

➡ $4000000 \text{ m}^2 > 3000000 \text{ m}^2 > 510000 \text{ m}^2$이므로 넓이가 가장 넓은 것은 ㉢입니다.

2-2 단위를 m^2로 통일합니다.

㉠ $2 \text{ km}^2 = 2000000 \text{ m}^2$

㉡ $6000000 \text{ cm}^2 = 600 \text{ m}^2$

㉢ 90000 m^2

➡ $600 \text{ m}^2 < 90000 \text{ m}^2 < 2000000 \text{ m}^2$이므로 넓이가 가장 좁은 것은 ㉡입니다.

2-3 단위를 m^2로 통일합니다.

㉠ 820000 m^2

㉡ $1 \text{ km}^2 = 1000000 \text{ m}^2$

㉢ $0.506 \text{ km}^2 = 506000 \text{ m}^2$

㉣ $74000000 \text{ cm}^2 = 7400 \text{ m}^2$

➡ $1000000 \text{ m}^2 > 820000 \text{ m}^2 > 506000 \text{ m}^2 > 7400 \text{ m}^2$이므로 넓이가 넓은 것부터 순서대로 기호를 쓰면 ㉡, ㉠, ㉢, ㉣입니다.

2-4 단위를 m^2로 통일합니다.

㉠ 960000 m^2

㉡ $57000000 \text{ cm}^2 = 5700 \text{ m}^2$

㉢ $63000000 \text{ cm}^2 = 6300 \text{ m}^2$

㉣ $0.0085 \text{ km}^2 = 8500 \text{ m}^2$

➡ $5700 \text{ m}^2 < 6300 \text{ m}^2 < 8500 \text{ m}^2 < 960000 \text{ m}^2$이므로 넓이가 좁은 것부터 순서대로 기호를 쓰면 ㉡, ㉢, ㉣, ㉠입니다.

3. 직사각형의 넓이

수해력을 확인해요

30~31쪽

01 12 cm^2	05 24 cm^2
02 14 cm^2	06 90 cm^2
03 18 cm^2	07 96 cm^2
04 20 cm^2	08 91 cm^2
09 81 cm^2	13 7
10 49 cm^2	14 5
11 121 cm^2	15 16
12 225 cm^2	16 21

수해력을 높여요

32~33쪽

01 5, 5, 25	02 60 cm^2
03 400 cm^2	04 $32 \text{ cm}, 63 \text{ cm}^2$
05 10000000 m^2, 10 km^2에 색칠	
06 11 cm	07 ㉢, ㉡, ㉠
08 169 cm^2	09 9배
10 풀이 참조	11 24 m^2
12 64 cm^2	

01 (정사각형의 넓이) = (한 변의 길이) × (한 변의 길이)
$$= 5 \times 5 = 25 \, (\text{cm}^2)$$

02 (직사각형의 넓이) = (가로) × (세로)
$$= 6 \times 10 = 60 \, (\text{cm}^2)$$

03 (정사각형의 넓이) $= 20 \times 20 = 400 \, (\text{cm}^2)$

04 (직사각형의 둘레) $= (9 + 7) \times 2 = 32 \, (\text{cm})$
(직사각형의 넓이) $= 9 \times 7 = 63 \, (\text{cm}^2)$

05 해설 나침반

길이의 단위가 다르므로 단위를 m나 km로 통일한 후 넓이를 구합니다.

$4 \text{ km} = 4000 \text{ m}$이므로

(직사각형의 넓이) $= 4000 \times 2500 = 10000000 \, (\text{m}^2)$

$1000000 \text{ m}^2 = 1 \text{ km}^2$이므로

$10000000 \text{ m}^2 = 10 \text{ km}^2$입니다.

06 직사각형의 세로를 □ cm라 하면
$14 \times □ = 154$, $□ = 11$입니다.
따라서 직사각형의 세로는 11 cm입니다.

07 ㉠ (직사각형의 넓이)$= 12 \times 8 = 96\,(\text{m}^2)$
㉡ (정사각형의 넓이)$= 10 \times 10 = 100\,(\text{m}^2)$
㉢ (직사각형의 넓이)$= 7 \times 15 = 105\,(\text{m}^2)$
➡ $105\,\text{m}^2 > 100\,\text{m}^2 > 96\,\text{m}^2$이므로 넓이가 넓은 것부터 순서대로 기호를 쓰면 ㉢, ㉡, ㉠입니다.

08 만들 수 있는 가장 큰 정사각형의 한 변의 길이는 직사각형의 짧은 변의 길이와 같은 13 cm입니다.
➡ (만들 수 있는 가장 큰 정사각형의 넓이)
$= 13 \times 13 = 169\,(\text{cm}^2)$

09 어떤 정사각형의 한 변의 길이를 □ cm라 하면 넓이는 $(□ \times □)\,\text{cm}^2$입니다. 이 정사각형의 한 변의 길이를 3배로 늘이면 한 변의 길이는 $(□ \times 3)\,\text{cm}$가 되므로 넓이는 $□ \times 3 \times □ \times 3 = (□ \times □ \times 9)\,\text{cm}^2$가 됩니다.
따라서 늘인 정사각형의 넓이는 처음 정사각형의 넓이의 9배가 됩니다.

> **해설 플러스** 👑
> 한 변의 길이가 □ cm인 정사각형의 한 변의 길이를 각각 2배, 3배, ...로 늘이면 넓이는 (2×2)배, (3×3)배, ...가 됩니다.

10 왼쪽 직사각형의 세로는 4 cm이므로 가로는
$24 \div 4 = 6\,(\text{cm})$입니다.
오른쪽 직사각형의 가로는 3 cm이므로 세로는
$24 \div 3 = 8\,(\text{cm})$입니다.

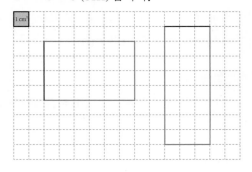

11 (전체 텃밭의 넓이)$= 24 \times 12 = 288\,(\text{m}^2)$
(나눈 텃밭의 구역 수)$= 6 \times 2 = 12$(구역)
➡ (텃밭 한 구역의 넓이)$= 288 \div 12 = 24\,(\text{m}^2)$

[다른 풀이]
(나눈 텃밭 한 구역의 가로)$= 24 \div 6 = 4\,(\text{m})$
(나눈 텃밭 한 구역의 세로)$= 12 \div 2 = 6\,(\text{m})$
➡ (텃밭 한 구역의 넓이)$= 4 \times 6 = 24\,(\text{m}^2)$

12 (픽셀 한 개의 넓이)$= 2 \times 2 = 4\,(\text{cm}^2)$
(전체 픽셀의 수)$= 4 \times 4 = 16$(개)
➡ (전체 픽셀의 넓이)$= 4 \times 16 = 64\,(\text{cm}^2)$
[다른 풀이]
(전체 픽셀의 한 변의 길이)$= 2 \times 4 = 8\,(\text{cm})$
➡ (전체 픽셀의 넓이)$= 8 \times 8 = 64\,(\text{cm}^2)$

🦇 수해력을 완성해요

대표 응용 1 6, 6, 36 / 9, 36, 4 / 4

1-1 25 cm   **1-2** 128 cm
1-3 12 cm   **1-4** 3 km

대표 응용 2 36, 4, 9 / 9, 9, 81

2-1 169 cm²   **2-2** 104 cm²
2-3 46 cm   **2-4** 49 km²

대표 응용 3 15, 10, 150 / 20, 30, 600
       / 150, 600, 90000, 9

3-1 6 m²   **3-2** 158.4 m²
3-3 50장   **3-4** 1.6 m

대표 응용 4 2, 5 / 2, 5, 6, 35, 41

4-1 28 cm²   **4-2** 109 cm²
4-3 35 cm²   **4-4** 192 cm²

1-1 (정사각형의 넓이)$= 10 \times 10 = 100\,(\text{cm}^2)$
직사각형의 가로를 □ cm라 하면
$□ \times 4 = 100$, $□ = 25$입니다.
따라서 직사각형의 가로는 25 cm입니다.

1-2 (정사각형의 넓이)$= 16 \times 16 = 256\,(\text{cm}^2)$
직사각형의 세로를 □ cm라 하면
$2 \times □ = 256$, $□ = 128$입니다.
따라서 직사각형의 세로는 128 cm입니다.

1-3 (직사각형의 넓이)$=18\times8=144\,(\text{cm}^2)$

정사각형의 한 변의 길이를 □ cm라 하면

□$\times$□$=144$, $12\times12=144$이므로 □$=12$입니다.

따라서 정사각형의 한 변의 길이는 12 cm입니다.

1-4 (직사각형의 넓이)$=2000\times4500=9000000\,(\text{m}^2)$

$1000000\,\text{m}^2=1\,\text{km}^2$이므로

$9000000\,\text{m}^2=9\,\text{km}^2$입니다.

정사각형의 한 변의 길이를 □ km라 하면

□$\times$□$=9$, $3\times3=9$이므로 □$=3$입니다.

따라서 정사각형의 한 변의 길이는 3 km입니다.

2-1 (정사각형의 한 변의 길이)$=52\div4=13\,(\text{cm})$

➡ (정사각형의 넓이)$=13\times13=169\,(\text{cm}^2)$

2-2 직사각형의 가로를 □ cm라 하면

(□$+8)\times2=42$, □$+8=21$, □$=13$입니다.

➡ (직사각형의 넓이)$=13\times8=104\,(\text{cm}^2)$

2-3 직사각형의 가로를 □ cm라 하면

□$\times14=126$, □$=9$입니다.

➡ (직사각형의 둘레)$=(9+14)\times2=46\,(\text{cm})$

2-4 (땅의 한 변의 길이)$=28000\div4=7000\,(\text{m})$

➡ (땅의 넓이)$=7000\times7000=49000000\,(\text{m}^2)$

$1000000\,\text{m}^2=1\,\text{km}^2$이므로

$49000000\,\text{m}^2=49\,\text{km}^2$입니다.

[다른 풀이]

$28000\,\text{m}=28\,\text{km}$이므로

(땅의 한 변의 길이)$=28\div4=7\,(\text{km})$입니다.

➡ (땅의 넓이)$=7\times7=49\,(\text{km}^2)$

3-1 (타일 한 개의 넓이)$=20\times10=200\,(\text{cm}^2)$

(붙인 타일의 개수)$=15\times20=300$(개)

➡ (타일을 붙인 벽의 넓이)$=200\times300$
$=60000\,(\text{cm}^2)$

$10000\,\text{cm}^2=1\,\text{m}^2$이므로 $60000\,\text{cm}^2=6\,\text{m}^2$입니다.

3-2 (타일 한 개의 넓이)$=72\times55=3960\,(\text{cm}^2)$

(붙인 타일의 개수)$=10\times40=400$(개)

➡ (타일을 붙인 벽의 넓이)$=3960\times400$
$=1584000\,(\text{cm}^2)$

$10000\,\text{cm}^2=1\,\text{m}^2$이므로

$1584000\,\text{cm}^2=158.4\,\text{m}^2$입니다.

3-3 $2\,\text{m}=200\,\text{cm}$, $1\,\text{m}=100\,\text{cm}$이므로

(게시판의 넓이)$=200\times100=20000\,(\text{cm}^2)$입니다.

(종이 한 장의 넓이)$=20\times20=400\,(\text{cm}^2)$

➡ (게시판에 붙일 수 있는 종이의 수)
$=20000\div400=50$(장)

[다른 풀이]

$2\,\text{m}=200\,\text{cm}$, $1\,\text{m}=100\,\text{cm}$이므로

정사각형 모양의 종이를 가로로 $200\div20=10$(장),

세로로 $100\div20=5$(장) 붙일 수 있습니다.

➡ 종이는 모두 $10\times5=50$(장) 붙일 수 있습니다.

3-4 (종이 한 장의 넓이)$=40\times40=1600\,(\text{cm}^2)$

(게시판의 넓이)$=1600\times40=64000\,(\text{cm}^2)$

게시판의 세로를 □ cm라 하면

가로는 $4\,\text{m}=400\,\text{cm}$이므로

$400\times$□$=64000$, □$=160$입니다.

따라서 게시판의 세로는 $160\,\text{cm}=1.6\,\text{m}$입니다.

4-1 도형을 가로가 6 cm, 세로가 3 cm인 직사각형과 가로가 2 cm, 세로가 5 cm인 직사각형으로 나누어 넓이를 구합니다.

➡ (도형의 넓이)$=6\times3+2\times5=18+10=28\,(\text{cm}^2)$

4-2 색칠한 부분의 넓이는 큰 직사각형의 넓이에서 작은 직사각형의 넓이를 빼면 됩니다.

➡ (색칠한 부분의 넓이)$=14\times11-9\times5$
$=154-45=109\,(\text{cm}^2)$

4-3 색칠한 부분의 넓이는 큰 직사각형의 넓이에서 작은 정사각형 2개의 넓이를 빼면 됩니다.

➡ (색칠한 부분의 넓이)$=12\times5-3\times3-4\times4$
$=60-9-16=35\,(\text{cm}^2)$

4-4

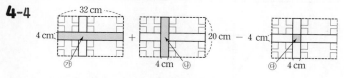

(색칠한 부분의 넓이)

$=($㉮의 넓이$)+($㉯의 넓이$)-($㉰의 넓이$)$

$=32\times4+4\times20-4\times4$

$=128+80-16=192\,(\text{cm}^2)$

4. 평행사변형의 넓이

수해력을 확인해요

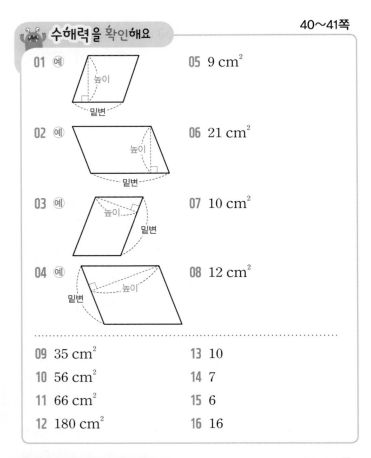

01 예

02 예

03 예

04 예

05 9 cm²

06 21 cm²

07 10 cm²

08 12 cm²

09 35 cm²   13 10

10 56 cm²   14 7

11 66 cm²   15 6

12 180 cm²   16 16

수해력을 높여요

01 3 cm   02 12, 9, 108

03 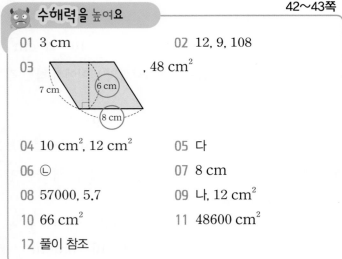 , 48 cm²

04 10 cm², 12 cm²   05 다

06 ㉡   07 8 cm

08 57000, 5.7   09 나, 12 cm²

10 66 cm²   11 48600 cm²

12 풀이 참조

01 예
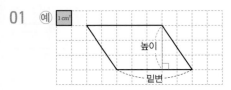

➡ 평행사변형의 높이는 3 cm입니다.

02 (평행사변형의 넓이)=(밑변의 길이)×(높이)
$$=12\times9=108\,(\text{cm}^2)$$

---

03 평행사변형의 넓이를 구할 때 필요한 길이는 밑변의 길이 8 cm와 높이 6 cm입니다.
➡ (평행사변형의 넓이)$=8\times6=48\,(\text{cm}^2)$

04 (평행사변형 가의 넓이)$=5\times2=10\,(\text{cm}^2)$
(평행사변형 나의 넓이)$=4\times3=12\,(\text{cm}^2)$

05 가, 나는 모두 밑변의 길이가 3 cm, 높이가 4 cm이므로 평행사변형의 넓이는 $3\times4=12\,(\text{cm}^2)$입니다.
다는 밑변의 길이가 2 cm, 높이가 4 cm이므로 평행사변형의 넓이는 $2\times4=8\,(\text{cm}^2)$입니다.
따라서 넓이가 다른 평행사변형은 다입니다.

> **해설 플러스**
> 평행사변형은 모양이 달라도 밑변의 길이와 높이가 같으면 넓이가 같습니다.

06 ㉡ 평행사변형은 어느 변이나 밑변이 될 수 있습니다.

07 평행사변형의 높이를 □ cm라 하면
$14\times\square=112$, $\square=8$입니다.
따라서 평행사변형의 높이는 8 cm입니다.

08 > **해설 나침반**
> 길이의 단위가 다르므로 단위를 cm로 통일한 후 넓이를 구합니다.

3 m$=300$ cm이므로
(평행사변형의 넓이)$=190\times300=57000\,(\text{cm}^2)$입니다.
$10000\,\text{cm}^2=1\,\text{m}^2$이므로 $57000\,\text{cm}^2=5.7\,\text{m}^2$입니다.

09 (평행사변형 가의 넓이)$=7\times15=105\,(\text{cm}^2)$
(평행사변형 나의 넓이)$=13\times9=117\,(\text{cm}^2)$
따라서 $117\,\text{cm}^2>105\,\text{cm}^2$이므로 평행사변형 나의 넓이가 $117-105=12\,(\text{cm}^2)$ 더 넓습니다.

10 직사각형 ㉮의 세로를 □ cm라 하면
$8\times\square=88$, $\square=11$입니다.
평행사변형 ㉯의 높이는 직사각형 ㉮의 세로와 같은 11 cm입니다.
따라서 평행사변형 ㉯의 넓이는 $6\times11=66\,(\text{cm}^2)$입니다.

11 (평행사변형 3개의 밑변의 길이의 합)

$=45 \times 3 = 135 \,(\text{cm})$

➡ (빨간색으로 표시한 부분의 넓이)

$= 135 \times 360 = 48600 \,(\text{cm}^2)$

[다른 풀이]

(평행사변형 1개의 넓이)

$= 45 \times 360 = 16200 \,(\text{cm}^2)$

➡ (빨간색으로 표시한 부분의 넓이)

$= 16200 \times 3 = 48600 \,(\text{cm}^2)$

12 (밑변의 길이) × (높이) $= 18 \,(\text{cm}^2)$인 평행사변형을 만듭니다.

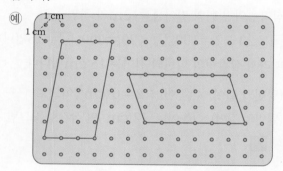

👾 **수해력을 완성해요**　　　　44~45쪽

대표 응용 1 10, 6, 60 / 15, 60, 4 / 4

1-1 8 cm　　　　　**1-2** 9 cm

1-3 14 cm　　　　　**1-4** 7 cm

대표 응용 2 8, 2, 30, 8, 15, 7 / 7, 6, 42

2-1 24 cm²　　　　**2-2** 74 cm

2-3 48 cm　　　　　**2-4** 70 cm

1-1 (직사각형의 넓이) $= 18 \times 4 = 72 \,(\text{cm}^2)$

평행사변형의 밑변의 길이를 ☐ cm라 하면

☐ × 9 = 72, ☐ = 8입니다.

따라서 평행사변형의 밑변의 길이는 8 cm입니다.

1-2 (정사각형의 넓이) $= 12 \times 12 = 144 \,(\text{cm}^2)$

평행사변형의 높이를 ☐ cm라 하면

16 × ☐ = 144, ☐ = 9입니다.

따라서 평행사변형의 높이는 9 cm입니다.

1-3 (평행사변형의 넓이) $= 49 \times 4 = 196 \,(\text{cm}^2)$

정사각형의 한 변의 길이를 ☐ cm라 하면

☐ × ☐ = 196, 14 × 14 = 196이므로 ☐ = 14입니다.

따라서 정사각형의 한 변의 길이는 14 cm입니다.

1-4 해설 나침반 ✦

직사각형은 평행사변형이라고 할 수 있습니다.

직사각형 ㄱㄴㄷㄹ과 평행사변형 ㄱㅁㅂㄹ은 밑변의 길이와 높이가 같으므로 넓이가 같습니다.

➡ (직사각형 ㄱㄴㄷㄹ의 넓이)

$=$ (평행사변형 ㄱㅁㅂㄹ의 넓이)

$= 196 \div 2 = 98 \,(\text{cm}^2)$

평행사변형 ㄱㅁㅂㄹ에서 변 ㅁㅂ을 ☐ cm라 하면

☐ × 14 = 98, ☐ = 7입니다.

따라서 변 ㅁㅂ은 7 cm입니다.

2-1 평행사변형의 다른 한 변의 길이를 ☐ cm라 하면

(☐ + 5) × 2 = 22, ☐ + 5 = 11, ☐ = 6입니다.

➡ (평행사변형의 넓이) $= 6 \times 4 = 24 \,(\text{cm}^2)$

2-2 평행사변형의 다른 한 변의 길이를 ☐ cm라 하면

☐ × 13 = 286, ☐ = 22입니다.

➡ (평행사변형의 둘레) $= (22 + 15) \times 2 = 74 \,(\text{cm})$

2-3 (평행사변형의 넓이) $= 9 \times 10 = 90 \,(\text{cm}^2)$

높이가 6 cm일 때 밑변의 길이를 ☐ cm라 하면

☐ × 6 = 90, ☐ = 15입니다.

➡ (평행사변형의 둘레) $= (9 + 15) \times 2 = 48 \,(\text{cm})$

2-4 (평행사변형의 넓이) $= 14 \times 18 = 252 \,(\text{cm}^2)$

높이가 12 cm일 때 밑변의 길이를 ☐ cm라 하면

☐ × 12 = 252, ☐ = 21입니다.

➡ (평행사변형의 둘레) $= (21 + 14) \times 2 = 70 \,(\text{cm})$

5. 삼각형의 넓이

🦀 수해력을 확인해요

01 (예)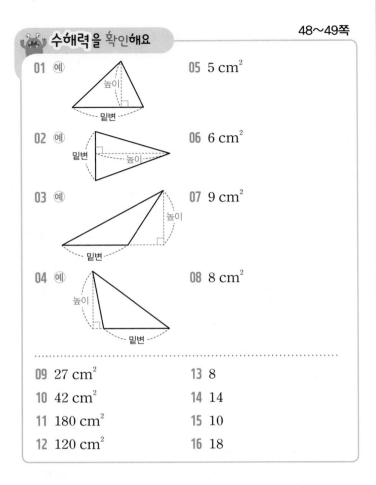

02 (예)

03 (예)

04 (예)

05 $5\,\text{cm}^2$

06 $6\,\text{cm}^2$

07 $9\,\text{cm}^2$

08 $8\,\text{cm}^2$

09 $27\,\text{cm}^2$	**13** 8
10 $42\,\text{cm}^2$	**14** 14
11 $180\,\text{cm}^2$	**15** 10
12 $120\,\text{cm}^2$	**16** 18

🐮 수해력을 높여요

01 7, 6, 2, 21	**02** $10\,\text{cm}^2$
03 ㉡, ㉤	**04** $65\,\text{cm}^2$
05 $132\,\text{m}^2$	**06** 나
07 나	**08** 15 cm
09 풀이 참조	**10** $99\,\text{cm}^2$
11 현민	**12** (위에서부터) 12, 5

01 (삼각형의 넓이)＝(밑변의 길이)×(높이)÷2
$$=7×6÷2=21\,(\text{cm}^2)$$

02 삼각형의 밑변의 길이는 5 cm, 높이는 4 cm이므로 넓이는 $5×4÷2=10\,(\text{cm}^2)$입니다.

03 높이는 밑변과 마주 보는 꼭짓점에서 밑변에 수직으로 그은 선분의 길이입니다.
➡ 밑변이 ㉠일 때 높이는 ㉡입니다.
　밑변이 ㉣일 때 높이는 ㉤입니다.

04 (삼각형의 넓이)＝$10×13÷2=65\,(\text{cm}^2)$

05 (삼각형의 넓이)＝$24×11÷2=132\,(\text{m}^2)$

06 가, 다는 모두 밑변의 길이가 4 cm, 높이가 3 cm이므로 삼각형의 넓이는 $4×3÷2=6\,(\text{cm}^2)$입니다.
나는 밑변의 길이가 4 cm, 높이가 2 cm이므로 삼각형의 넓이는 $4×2÷2=4\,(\text{cm}^2)$입니다.
따라서 넓이가 다른 삼각형은 나입니다.

> **해설 플러스** 👑
> 삼각형은 모양이 달라도 밑변의 길이와 높이가 같으면 넓이가 같습니다.

07 (삼각형 가의 넓이)＝$18×6÷2=54\,(\text{cm}^2)$
(삼각형 나의 넓이)＝$8×16÷2=64\,(\text{cm}^2)$
➡ $64\,\text{cm}^2>54\,\text{cm}^2$이므로 넓이가 더 넓은 삼각형은 나입니다.

08 삼각형의 밑변의 길이를 □ cm라 하면
□×20÷2＝150, □×20＝300, □＝15입니다.
따라서 삼각형의 밑변의 길이는 15 cm입니다.

09 (밑변의 길이)×(높이)÷2＝$6\,(\text{cm}^2)$이므로
(밑변의 길이)×(높이)＝$12\,(\text{cm}^2)$인 삼각형을 그립니다.

(예)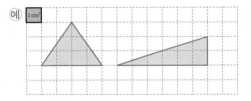

> **해설 플러스** 👑
> 곱이 12가 되는 두 수는 (1, 12), (2, 6), (3, 4), (4, 3), (6, 2), (12, 1)이 있으므로 각각 (밑변의 길이, 높이)로 하여 삼각형을 그리면 됩니다.

10 평행사변형의 높이를 □ cm라 하면
14×□＝126, □＝9입니다.
삼각형의 높이는 평행사변형의 높이와 같으므로 9 cm입니다.
➡ (삼각형의 넓이)＝$22×9÷2=99\,(\text{cm}^2)$

> **해설 플러스** 👑
> 평행선 사이의 수직인 선분의 길이는 모두 같으므로 평행사변형과 삼각형의 높이는 같습니다.

11 현민이가 자른 식빵의 높이를 $\square$ cm라 하면
$10 \times \square \div 2 = 40$, $10 \times \square = 80$, $\square = 8$입니다.
윤정이가 자른 식빵의 높이를 $\triangle$ cm라 하면
$12 \times \triangle \div 2 = 42$, $12 \times \triangle = 84$, $\triangle = 7$입니다.
➡ 8 cm > 7 cm이므로 높이가 더 긴 식빵을 자른 사람은 현민입니다.

12 (연두색 돛의 넓이) $= 4 \times 6 \div 2 = 12 \, (m^2)$
보라색 돛의 밑변의 길이를 $\square$ m라 하면
$\square \times 8 \div 2 = 20$, $\square \times 8 = 40$, $\square = 5$입니다.

수해력을 완성해요

52~55쪽

대표 응용 1 44, 15, 12, 17 / 17, 10, 2, 85

1-1 $182 \, cm^2$ **1-2** $120 \, cm^2$

1-3 $76 \, cm$ **1-4** $58 \, cm$

대표 응용 2 16, 3, 2, 24 / 8, 2, 24, 8, 48, 6 / 6

2-1 $12 \, cm$ **2-2** 42

2-3 16   **2-4** $112 \, cm$

대표 응용 3 6, 8, 2, 24 / 12, 2, 24, 12, 48, 4 / 4

3-1 $12 \, cm$ **3-2** 7

3-3 24   **3-4** $159 \, cm$

대표 응용 4 4, 9 / 4, 9, 2, 18 / 18, 2, 36

4-1 $60 \, cm^2$ **4-2** $36 \, cm^2$

4-3 $42 \, cm^2$ **4-4** $90 \, cm^2$

1-1 (변 ㄴㄷ) $= 65 - 20 - 17 = 28 \, (cm)$
➡ (삼각형 ㄱㄴㄷ의 넓이) $= 28 \times 13 \div 2$
$\qquad\qquad = 182 \, (cm^2)$

1-2 (변 ㄴㄷ) $= 60 - 10 - 26 = 24 \, (cm)$
➡ (삼각형 ㄱㄴㄷ의 넓이) $= 24 \times 10 \div 2$
$\qquad\qquad = 120 \, (cm^2)$

1-3 변 ㄱㄴ을 $\square$ cm라 하면
$\square \times 14 \div 2 = 133$, $\square \times 14 = 266$, $\square = 19$입니다.
➡ (삼각형 ㄱㄴㄷ의 둘레) $= 19 + 36 + 21 = 76 \, (cm)$

1-4 변 ㄱㄴ을 $\square$ cm라 하면
$\square \times 12 \div 2 = 144$, $\square \times 12 = 288$, $\square = 24$입니다.
➡ (삼각형 ㄱㄴㄷ의 둘레) $= 24 + 18 + 16 = 58 \, (cm)$

2-1 (삼각형 가의 넓이) $= 18 \times 10 \div 2 = 90 \, (cm^2)$
삼각형 나의 높이를 $\square$ cm라 하면
$15 \times \square \div 2 = 90$, $15 \times \square = 180$, $\square = 12$입니다.
따라서 삼각형 나의 높이는 12 cm입니다.

2-2 (왼쪽 삼각형의 넓이) $= 28 \times 21 \div 2 = 294 \, (cm^2)$
오른쪽 삼각형의 밑변의 길이가 $\square$ cm이므로
$\square \times 14 \div 2 = 294$, $\square \times 14 = 588$, $\square = 42$입니다.

2-3 (왼쪽 삼각형의 넓이) $= 36 \times 12 \div 2 = 216 \, (cm^2)$
오른쪽 삼각형의 높이가 $\square$ cm이므로
$27 \times \square \div 2 = 216$, $27 \times \square = 432$, $\square = 16$입니다.

2-4 (삼각형의 넓이) $= 45 \times 32 \div 2 = 720 \, (cm^2)$
평행사변형의 밑변의 길이를 $\square$ cm라 하면
$\square \times 24 = 720$, $\square = 30$입니다.
➡ (평행사변형의 둘레) $= (30 + 26) \times 2 = 112 \, (cm)$

3-1 해설 나침반
삼각형 ㄱㄴㄷ에서 밑변의 길이가 20 cm일 때 높이는 15 cm이고, 밑변의 길이가 25 cm일 때 높이는 선분 ㄷㄹ입니다.

밑변의 길이가 20 cm일 때 높이는 15 cm이므로 삼각형 ㄱㄴㄷ의 넓이는 $20 \times 15 \div 2 = 150 \, (cm^2)$입니다. 밑변의 길이가 25 cm일 때 높이는 선분 ㄷㄹ이므로 선분 ㄷㄹ을 $\square$ cm라 하면
$25 \times \square \div 2 = 150$, $25 \times \square = 300$, $\square = 12$입니다.
따라서 선분 ㄷㄹ은 12 cm입니다.

3-2 (삼각형의 넓이) $= 14 \times 5 \div 2 = 35 \, (cm^2)$
밑변의 길이가 $\square$ cm일 때 높이는 10 cm이므로
$\square \times 10 \div 2 = 35$, $\square \times 10 = 70$, $\square = 7$입니다.

3-3 (삼각형의 넓이) $= 60 \times 18 \div 2 = 540 \, (cm^2)$
밑변의 길이가 45 cm일 때 높이는 $\square$ cm이므로
$45 \times \square \div 2 = 540$, $45 \times \square = 1080$, $\square = 24$입니다.

3-4 밑변의 길이가 48 cm일 때 높이는 36 cm이므로 삼각형 ㄱㄴㄷ의 넓이는 $48 \times 36 \div 2 = 864 \, (cm^2)$입니다.

밑변의 길이가 변 ㄴㄷ일 때 높이는 24 cm이므로
변 ㄴㄷ을 □ cm라 하면
□×24÷2=864, □×24=1728, □=72입니다.
➡ (삼각형 ㄱㄴㄷ의 둘레)=48+72+39=159 (cm)

4-1 (색칠한 삼각형 1개의 넓이)=5×12÷2=30 (cm²)
➡ (색칠한 부분의 넓이)
　　=(색칠한 삼각형 1개의 넓이)×2
　　=30×2=60 (cm²)

4-2 색칠한 부분의 넓이는 밑변의 길이가 8 cm, 높이가 4 cm인 삼각형의 넓이와 밑변의 길이가 8 cm, 높이가 5 cm인 삼각형의 넓이를 더해서 구할 수 있습니다.
➡ (색칠한 부분의 넓이)=8×4÷2+8×5÷2
　　　　　　　　　　=16+20=36 (cm²)

[다른 풀이]
색칠한 부분의 넓이는 밑변의 길이가 4+5=9 (cm), 높이가 8+4=12 (cm)인 삼각형의 넓이에서 밑변의 길이가 9 cm, 높이가 4 cm인 삼각형의 넓이를 빼서 구할 수 있습니다.
➡ (색칠한 부분의 넓이)=9×12÷2-9×4÷2
　　　　　　　　　　=54-18=36 (cm²)

4-3 색칠한 부분의 넓이는 밑변의 길이가 16 cm, 높이가 7 cm인 삼각형의 넓이에서 밑변의 길이가 4 cm, 높이가 7 cm인 삼각형의 넓이를 빼서 구할 수 있습니다.
➡ (색칠한 부분의 넓이)=16×7÷2-4×7÷2
　　　　　　　　　　=56-14=42 (cm²)

4-4
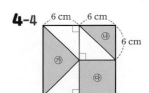

(색칠한 부분의 넓이)
　=(㉮의 넓이)+(㉯의 넓이)+(㉰의 넓이)
　=12×6÷2+6×6÷2+6×6
　=36+18+36=90 (cm²)

[다른 풀이]
(색칠한 부분의 넓이)
　=(정사각형의 넓이)-(흰색 삼각형의 넓이)×3
　=12×12-(6×6÷2)×3
　=144-54=90 (cm²)

6. 마름모의 넓이

58~59쪽

😮 **수해력을 확인해요**

01　16 cm²	05　39 cm²
02　18 cm²	06　32 cm²
03　15 cm²	07　90 cm²
04　24 cm²	08　42 cm²

09　44 cm²	13　5
10　140 cm²	14　10
11　12 cm²	15　14
12　80 cm²	16　22

😠 **수해력을 높여요**

60~61쪽

01　14, 9, 2, 63	02　144 cm²
03　(위에서부터) 12, 4 / 48 cm²	
04　120 cm²	05　15 m²
06　20 cm, 24 cm²	07　㉠
08　14	09　풀이 참조
10　672 m²	11　50 cm
12　50 cm²	

01 (마름모의 넓이)
　=(한 대각선의 길이)×(다른 대각선의 길이)÷2
　=14×9÷2=63 (m²)

02 (마름모의 넓이)=(색칠한 삼각형의 넓이)×4
　　　　　　　　　=36×4=144 (cm²)

03 해설 **나침반**
마름모를 잘라 직사각형으로 만들면 마름모의 한 대각선의 길이는 직사각형의 가로가 되고, 마름모의 다른 대각선의 길이의 절반은 직사각형의 세로가 됩니다.

마름모의 넓이는 가로가 12 cm, 세로가 8÷2=4 (cm)인 직사각형의 넓이와 같습니다.
➡ (마름모의 넓이)=12×4=48 (cm²)

04 (마름모의 넓이)=(직사각형의 넓이)÷2
　　　　　　　　　=24×10÷2=120 (cm²)

05 (마름모의 넓이)$=15 \times 2 \div 2=15 \,(\text{m}^2)$

06 (마름모의 둘레)$=5 \times 4=20 \,(\text{cm})$

(마름모의 넓이)$=(6 \times 4 \div 2) \times 2$

$\qquad\qquad\qquad =12 \times 2=24 \,(\text{cm}^2)$

07 ㉠ (마름모의 넓이)$=7 \times 18 \div 2=63 \,(\text{cm}^2)$

㉡ (마름모의 넓이)$=10 \times 11 \div 2=55 \,(\text{cm}^2)$

➡ $63 \,\text{cm}^2 > 55 \,\text{cm}^2$이므로 넓이가 더 넓은 마름모는
㉠입니다.

08 마름모의 넓이가 $154 \,\text{cm}^2$이므로

$\square \times 22 \div 2=154$, $\square \times 22=308$, $\square=14$입니다.

09 (한 대각선의 길이)$\times$(다른 대각선의 길이)$\div 2=8\,(\text{cm}^2)$
이므로 (한 대각선의 길이)$\times$(다른 대각선의 길이)
$=16\,(\text{cm}^2)$인 마름모를 그립니다.

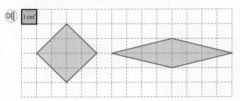

해설 플러스 👑

곱이 16이 되는 두 수는 (1, 16), (2, 8), (4, 4), (8, 2),
(16, 1)이 있으므로 각각 (한 대각선의 길이, 다른 대각선
의 길이)로 하여 마름모를 그리면 됩니다.

10 큰 마름모의 두 대각선의 길이는 각각 56 m, 32 m이
고, 작은 마름모의 두 대각선의 길이는 각각 28 m,
16 m입니다.

➡ (색칠한 부분의 넓이)

$=$(큰 마름모의 넓이)$-$(작은 마름모의 넓이)

$=56 \times 32 \div 2-28 \times 16 \div 2$

$=896-224=672\,(\text{m}^2)$

11 마름모의 다른 대각선의 길이를 $\square$ cm라 하면

$80 \times \square \div 2=2000$, $80 \times \square=4000$, $\square=50$입니다.
따라서 마름모의 다른 대각선의 길이는 50 cm입니다.

12 마름모의 긴 대각선의 길이는 $5 \times 2=10\,(\text{cm})$입니다.

➡ (파란색 아가일 무늬 2개의 넓이의 합)

$=$(파란색 아가일 무늬 1개의 넓이)$\times 2$

$=(5 \times 10 \div 2) \times 2$

$=25 \times 2=50\,(\text{cm}^2)$

👾 **수해력을 완성해요**

대표 응용 1 32, 4, 8 / 8 / 8, 8, 2, 32

1-1 $72 \,\text{cm}^2$ **1-2** $98 \,\text{cm}^2$

1-3 $144 \,\text{cm}^2$ **1-4** $90 \,\text{cm}^2$

- -

대표 응용 2 14, 3, 42 / 7, 2, 42, 7, 84, 12 / 12

2-1 6 cm   **2-2** 24 cm

2-3 6 cm   **2-4** 30

1-1 (정사각형의 한 변의 길이)$=48 \div 4=12\,(\text{cm})$
마름모의 두 대각선의 길이는 정사각형의 한 변의 길이
와 같으므로 각각 12 cm입니다.

➡ (그린 마름모의 넓이)$=12 \times 12 \div 2=72\,(\text{cm}^2)$

1-2 그린 마름모의 넓이는 정사각형의 넓이의 반이므로 색
칠한 부분의 넓이도 정사각형의 넓이의 반입니다.

➡ (색칠한 부분의 넓이)$=14 \times 14 \div 2=98\,(\text{cm}^2)$

1-3 지름이 24 cm인 원 안에 그린 가장 큰 정사각형의 두
대각선의 길이는 각각 원의 지름과 같은 24 cm입니다.

➡ (색칠한 마름모의 넓이)

$=$(원 안에 그린 가장 큰 정사각형의 넓이)$\div 2$

<u>두 대각선의 길이가 각각 24 cm인 마름모의 넓이</u>

$=(24 \times 24 \div 2) \div 2$

$=288 \div 2=144\,(\text{cm}^2)$

1-4 (가장 큰 마름모의 넓이)$=36 \times 20 \div 2=360\,(\text{cm}^2)$

(직사각형의 넓이)$=$(가장 큰 마름모의 넓이)$\div 2$

$\qquad\qquad\qquad\quad =360 \div 2=180\,(\text{cm}^2)$

➡ (색칠한 마름모의 넓이)$=$(직사각형의 넓이)$\div 2$

$\qquad\qquad\qquad\qquad\qquad =180 \div 2=90\,(\text{cm}^2)$

2-1 (정사각형의 넓이)$=9 \times 9=81\,(\text{cm}^2)$
마름모의 다른 대각선의 길이를 $\square$ cm라 하면

$27 \times \square \div 2=81$, $27 \times \square=162$, $\square=6$입니다.
따라서 마름모의 다른 대각선의 길이는 6 cm입니다.

2-2 (평행사변형의 넓이)$=20 \times 18=360\,(\text{cm}^2)$
마름모의 다른 대각선의 길이를 $\square$ cm라 하면

$\square \times 30 \div 2=360$, $\square \times 30=720$, $\square=24$입니다.
따라서 마름모의 다른 대각선의 길이는 24 cm입니다.

2-3 (삼각형의 넓이)$=10\times9\div2=45\,(\text{cm}^2)$
마름모의 다른 대각선의 길이를 $\square$ cm라 하면
$15\times\square\div2=45$, $15\times\square=90$, $\square=6$입니다.
따라서 마름모의 다른 대각선의 길이는 6 cm입니다.

2-4 (마름모 가의 넓이)$=40\times33\div2=660\,(\text{cm}^2)$
마름모 나의 넓이는 밑변의 길이가 $\square$ cm, 높이가
11 cm인 삼각형의 넓이의 4배이므로
$(\square\times11\div2)\times4=660$, $\square\times11\div2=165$,
$\square\times11=330$, $\square=30$입니다.

7. 사다리꼴의 넓이

66~67쪽

수해력을 확인해요

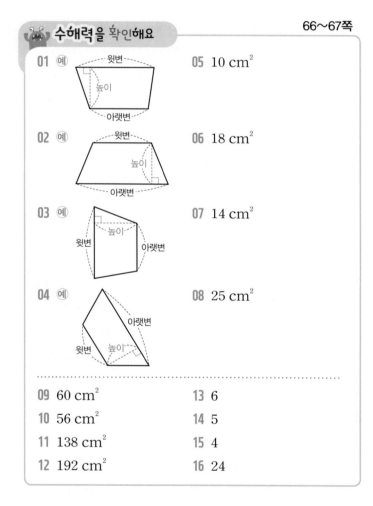

01 예
05 10 cm²

02 예
06 18 cm²

03 예
07 14 cm²

04 예
08 25 cm²

09 60 cm²   **13** 6
10 56 cm²   **14** 5
11 138 cm²   **15** 4
12 192 cm²   **16** 24

13 $(6+10)\times\square\div2=48$, $16\times\square\div2=48$,
$16\times\square=96$, $\square=6$

14 $(13+9)\times\square\div2=55$, $22\times\square\div2=55$,
$22\times\square=110$, $\square=5$

15 $(8+\square)\times11\div2=66$, $(8+\square)\times11=132$,
$8+\square=12$, $\square=4$

16 $(\square+17)\times12\div2=246$, $(\square+17)\times12=492$,
$\square+17=41$, $\square=24$

수해력을 높여요

68~69쪽

01 (위에서부터) 윗변, 높이   **02** 2, 4, 2, 14

03   , 30 cm²

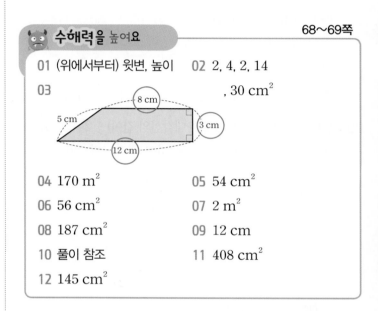

04 170 m²   **05** 54 cm²
06 56 cm²   **07** 2 m²
08 187 cm²   **09** 12 cm
10 풀이 참조   **11** 408 cm²
12 145 cm²

01 사다리꼴에서 아랫변과 평행한 변을 윗변이라고 하고,
두 밑변 사이의 거리를 높이라고 합니다.

02 (사다리꼴의 넓이)
$=((윗변의 길이)+(아랫변의 길이))\times(높이)\div2$
$=(5+2)\times4\div2=14\,(\text{cm}^2)$

03 사다리꼴의 넓이를 구할 때 필요한 길이는 윗변의 길이
8 cm, 아랫변의 길이 12 cm, 높이 3 cm입니다.
➡ (사다리꼴의 넓이)$=(8+12)\times3\div2=30\,(\text{cm}^2)$

04 (사다리꼴의 넓이)$=(11+9)\times17\div2=170\,(\text{m}^2)$

05 (색칠한 사다리꼴의 넓이)
$=(평행사변형의 넓이)\div2$
$=18\times6\div2=54\,(\text{cm}^2)$

06 (윗변의 길이)$=6+4=10\,(\text{cm})$
➡ (사다리꼴의 넓이)$=(10+6)\times7\div2=56\,(\text{cm}^2)$

07 (사다리꼴의 넓이)$=(140+60)\times200\div2$
$=20000\,(\text{cm}^2)$
$10000\,\text{cm}^2=1\,\text{m}^2$이므로 $20000\,\text{cm}^2=2\,\text{m}^2$입니다.

08 (사다리꼴 가의 넓이)

$= (9+14) \times 10 \div 2 = 115 \,(\text{cm}^2)$

(사다리꼴 나의 넓이) $= (7+11) \times 8 \div 2 = 72 \,(\text{cm}^2)$

➡ (사다리꼴 가와 나의 넓이의 합)

$= 115 + 72 = 187 \,(\text{cm}^2)$

09 사다리꼴의 아랫변의 길이를 $\square$ cm라 하면

$(6+\square) \times 13 \div 2 = 117$, $(6+\square) \times 13 = 234$,

$6+\square = 18$, $\square = 12$입니다.

따라서 사다리꼴의 아랫변의 길이는 12 cm입니다.

10 주어진 사다리꼴의 넓이는 $(3+4) \times 4 \div 2 = 14 \,(\text{cm}^2)$

이므로 넓이가 14 cm^2인 사다리꼴을 그립니다.

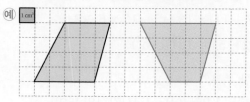

해설 플러스 👑

((윗변의 길이)+(아랫변의 길이))×(높이)÷2=14(cm^2)

이므로 ((윗변의 길이)+(아랫변의 길이))×(높이)

$= 28 \,(\text{cm}^2)$인 사다리꼴을 그립니다.

11 직사각형 모양의 포장지를 잘랐을 때 생기는 사다리꼴 모양 포장지의 윗변의 길이는 30 cm, 아랫변의 길이는 $30-9 = 21 \,(\text{cm})$, 높이는 16 cm입니다.

➡ (사다리꼴 모양 포장지의 넓이)

$= (30+21) \times 16 \div 2 = 408 \,(\text{cm}^2)$

12 **해설 나침반** ✨

숭례문을 보고 그린 도형은 사다리꼴 2개와 직사각형 1개로 나눌 수 있습니다.

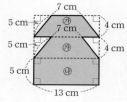

(도형 전체의 넓이) $=$ (㉮의 넓이)$\times 2 +$ (㉯의 넓이)

$= ((7+13) \times 4 \div 2) \times 2 + 13 \times 5$

$= 40 \times 2 + 65$

$= 80 + 65 = 145 \,(\text{cm}^2)$

대표 응용 1 3, 8, 5 / 3, 5, 7, 2, 28

1-1 39 cm^2 **1-2** 140 cm^2

1-3 36 cm   **1-4** 87 cm

대표 응용 2 6, 7, 42 / 9, 2, 42, 14, 2, 42, 14, 84, 6 / 6

2-1 11 cm   **2-2** 12 cm

2-3 5   **2-4** 9 cm

대표 응용 3 3, 2, 12, 3, 24, 8 / 8, 7, 8, 2, 60

3-1 92 cm^2 **3-2** 210 cm^2

3-3 45 cm^2 **3-4** 108 cm^2

대표 응용 4 9, 10, 110 / 10, 5, 2, 25 / 110, 25, 85

4-1 131 cm^2 **4-2** 100 cm^2

4-3 294 cm^2 **4-4** 780 cm^2

1-1 (나머지 한 변의 길이) $= 34 - 11 - 5 - 15 = 3 \,(\text{cm})$

➡ (사다리꼴의 넓이) $= (11+15) \times 3 \div 2$

$= 39 \,(\text{cm}^2)$

1-2 (변 ㄴㄷ) $=$ (변 ㄹㄷ) $= (52 - 18 - 14) \div 2$

$= 20 \div 2 = 10 \,(\text{cm})$

➡ (사다리꼴의 넓이) $= (18+10) \times 10 \div 2$

$= 140 \,(\text{cm}^2)$

1-3 사다리꼴의 높이를 $\square$ cm라 하면

$(13+8) \times \square \div 2 = 63$, $21 \times \square \div 2 = 63$,

$21 \times \square = 126$, $\square = 6$입니다.

➡ (사다리꼴의 둘레) $= 13 + 6 + 8 + 9 = 36 \,(\text{cm})$

1-4 사다리꼴의 윗변의 길이를 $\square$ cm라 하면

$(\square + 30) \times 18 \div 2 = 378$, $(\square + 30) \times 18 = 756$,

$\square + 30 = 42$, $\square = 12$입니다.

➡ (사다리꼴의 둘레) $= 18 + 12 + 27 + 30 = 87 \,(\text{cm})$

2-1 (평행사변형의 넓이) $= 8 \times 11 = 88 \,(\text{cm}^2)$

사다리꼴의 높이를 $\square$ cm라 하면

$(6+10) \times \square \div 2 = 88$, $16 \times \square \div 2 = 88$,

$16 \times \square = 176$, $\square = 11$입니다.

따라서 사다리꼴의 높이는 11 cm입니다.

2-2 (사다리꼴의 넓이)=$(8+10)\times16\div2=144\,(cm^2)$
정사각형의 한 변의 길이를 $\square$ cm라 하면
$\square\times\square=144$, $12\times12=144$이므로 $\square=12$입니다.
따라서 정사각형의 한 변의 길이는 12 cm입니다.

2-3 (삼각형의 넓이)=$20\times6\div2=60\,(cm^2)$
사다리꼴의 윗변의 길이가 $\square$ cm이므로
$(\square+15)\times6\div2=60$, $(\square+15)\times6=120$,
$\square+15=20$, $\square=5$입니다.

해설 **플러스** 👑
평행선 사이의 수직인 선분의 길이는 모두 같으므로 삼각형과 사다리꼴의 높이는 같습니다.

2-4 해설 **나침반** ✨
도형 ㉮는 사다리꼴, 도형 ㉯는 삼각형입니다.

도형 ㉮와 ㉯의 넓이가 같고 높이도 선분 ㄱㄴ으로 같으므로 도형 ㉮의 윗변과 아랫변의 길이의 합과 도형 ㉯의 밑변의 길이가 같습니다.
선분 ㄴㅁ을 $\square$ cm라 하면 $12+\square=21$, $\square=9$입니다. 따라서 선분 ㄴㅁ은 9 cm입니다.

3-1 삼각형 ㄱㄷㄹ의 넓이가 24 cm²이므로
선분 ㄹㄷ을 $\square$ cm라 하면
$6\times\square\div2=24$, $6\times\square=48$, $\square=8$입니다.
➡ (사다리꼴 ㄱㄴㄷㄹ의 넓이)
$\quad=(6+17)\times8\div2=92\,(cm^2)$

3-2 삼각형 ㄹㅁㄷ의 넓이가 72 cm²이므로 삼각형 ㄹㅁㄷ의 높이를 $\square$ cm라 하면
$12\times\square\div2=72$, $12\times\square=144$, $\square=12$입니다.
사다리꼴 ㄱㄴㄷㄹ은 윗변의 길이가 18 cm, 아랫변의 길이가 $5+12=17\,(cm)$이고, 높이는 삼각형 ㄹㅁㄷ의 높이와 같은 12 cm입니다.
➡ (사다리꼴 ㄱㄴㄷㄹ의 넓이)
$\quad=(18+17)\times12\div2=210\,(cm^2)$

3-3 사다리꼴 ㄱㄴㅁㄹ의 넓이가 115 cm²이므로
선분 ㄱㄴ을 $\square$ cm라 하면
$(16+7)\times\square\div2=115$, $23\times\square\div2=115$,
$23\times\square=230$, $\square=10$입니다.

삼각형 ㄹㅁㄷ에서 선분 ㅁㄷ은 $16-7=9\,(cm)$,
선분 ㄹㄷ은 10 cm입니다.
➡ (삼각형 ㄹㅁㄷ의 넓이)
$\quad=9\times10\div2=45\,(cm^2)$

3-4 선분 ㅁㄴ을 $\square$ cm라 하면 삼각형 ㄱㄴㄹ에서
$4\times\square\div2=12\times3\div2$, $4\times\square\div2=18$,
$4\times\square=36$, $\square=9$입니다.
➡ (사다리꼴 ㄱㄴㄷㄹ의 넓이)
$\quad=(4+20)\times9\div2=108\,(cm^2)$

4-1 (색칠한 부분의 넓이)
$\quad=$(사다리꼴의 넓이)$-$(삼각형의 넓이)
$\quad=(17+11)\times13\div2-17\times6\div2$
$\quad=182-51=131\,(cm^2)$

4-2 (색칠한 부분의 넓이)
$\quad=$(사다리꼴의 넓이)$-$(직사각형의 넓이)
$\quad=(10+19)\times8\div2-2\times8$
$\quad=116-16=100\,(cm^2)$
[다른 풀이]
색칠한 부분을 하나로 모으면 윗변의 길이가
$10-2=8\,(cm)$, 아랫변의 길이가 $19-2=17\,(cm)$,
높이가 8 cm인 사다리꼴이 됩니다.
➡ (색칠한 부분의 넓이)$=(8+17)\times8\div2$
$\quad\quad\quad\quad\quad\quad\quad\quad\quad=100\,(cm^2)$

4-3
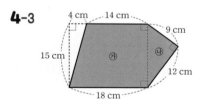
➡ (도형의 넓이)
$\quad=$(사다리꼴 ㉮의 넓이)$+$(삼각형 ㉯의 넓이)
$\quad=(14+18)\times15\div2+9\times12\div2$
$\quad=240+54=294\,(cm^2)$

4-4 (색칠한 부분의 넓이)
$\quad=$(직사각형의 넓이)$-$(사다리꼴의 넓이)
$\quad\quad-$(삼각형의 넓이)
$\quad=30\times45-(30+12)\times20\div2-12\times(45-20)\div2$
$\quad=1350-420-150=780\,(cm^2)$

수해력을 확장해요

활동 1 풀이 참조

활동 2 (1) 50 cm^2 (2) 25, 50, 50, 100, 100

활동1 전체를 빨간색 삼각형 조각과 똑같은 크기로 나눈 후 각 조각들의 넓이를 구해 봅니다.

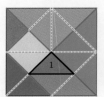 →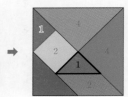

활동2 (1) 파란색 삼각형 조각의 밑변의 길이와 높이는 각각

$20 \div 2 = 10$ (cm)이므로 넓이는

$10 \times 10 \div 2 = 50$ (cm^2)입니다.

(2) • ◢ 의 넓이는 파란색 삼각형 조각의 넓이의 반

이므로 $50 \div 2 = 25$ (cm^2)입니다.

• ▢ 의 넓이는 파란색 삼각형 조각의 넓이와 같

으므로 50 cm^{2}입니다.

• ◰ 의 넓이는 파란색 삼각형 조각의 넓이

와 같으므로 50 cm^{2}입니다.

• ◺ 의 넓이는 파란색 삼각형 조각의 넓이

의 2배이므로 $50 \times 2 = 100$ (cm^2)입니다.

• ◿ 의 넓이는 파란색 삼각형 조각의 넓이

의 2배이므로 $50 \times 2 = 100$ (cm^2)입니다.

합동과 대칭

1. 도형의 합동, 합동인 도형의 성질

수해력을 확인해요

01 다

02 다

03 가

04 나

05 점 ㅂ, 변 ㅂㄹ, 각 ㅁㅂㄹ

06 점 ㅇ, 변 ㅁㅂ, 각 ㅂㅁㅇ

07 점 ㅁ, 변 ㄹㄷ, 각 ㄱㄴㄷ

08 7

09 (왼쪽에서부터) 14, 6

10 (왼쪽에서부터) 10, 5

11 (위에서부터) 8, 9

12 105

13 (왼쪽에서부터) 60, 30

14 (위에서부터) 120, 60

15 (위에서부터) 100, 80

수해력을 높여요

01 다, 마

02 (　) (○) (　) (○)

03 풀이 참조

04 점 ㄹ

05 40°

06 5쌍, 5쌍, 5쌍

07 (왼쪽에서부터) 7, 9, 80

08 경진, 상희

09 8 cm

10 20°

11 나래네 모둠

12 12 cm^2

01 모양과 크기가 같아서 포개었을 때 완전히 겹치는 두 도형은 다와 마입니다.

02 점선을 따라 자른 두 도형의 모양과 크기가 같아서 포개었을 때 완전히 겹치는 것은 두 번째 도형과 네 번째 도형입니다.

03 주어진 도형의 꼭짓점의 대응점을 찍은 후 그 점들을 연결하여 합동인 도형을 그립니다.

예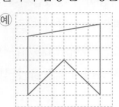

04 서로 합동인 두 도형을 포개었을 때 점 ㄴ과 완전히 겹치는 점은 점 ㄹ입니다.

05 각 ㅁㅂㄹ의 대응각은 각 ㄱㄷㄴ입니다.
➡ (각 ㅁㅂㄹ)=(각 ㄱㄷㄴ)=40°

06 두 도형은 서로 합동인 오각형이므로 대응점, 대응변, 대응각이 각각 5쌍 있습니다.

해설 **플러스** 👑
서로 합동인 두 ■각형에서 대응점, 대응변, 대응각은 각각 ■쌍 있습니다.

07 서로 합동인 두 도형에서 각각의 대응변의 길이와 대응각의 크기가 서로 같습니다.

08 경진: 삼각형 ㄱㄴㄷ과 삼각형 ㄹㄷㄴ은 서로 합동이므로 모양과 크기가 같습니다.
민석: 변 ㄱㄴ의 대응변은 변 ㄹㄷ입니다.
➡ (변 ㄱㄴ)=(변 ㄹㄷ)=9 cm
종수: 삼각형 ㄱㄴㄷ과 삼각형 ㄹㄷㄴ이 서로 합동이고 삼각형 ㅁㄴㄷ이 공통으로 들어 있으므로 삼각형 ㄱㄴㅁ과 삼각형 ㄹㄷㅁ은 서로 합동입니다.
상희: 각 ㄴㄹㄷ의 대응각은 각 ㄷㄱㄴ입니다.
➡ (각 ㄴㄹㄷ)=(각 ㄷㄱㄴ)=30°
따라서 바르게 말한 사람은 **경진, 상희**입니다.

09 서로 합동인 두 도형에서 대응변의 길이가 서로 같으므로
(변 ㄱㄴ)=(변 ㄷㄴ)=5 cm,
(변 ㄷㄹ)=(변 ㄱㄹ)=3 cm입니다.
➡ (변 ㄱㄴ)+(변 ㄷㄹ)=5+3=8 (cm)

10 서로 합동인 두 도형에서 대응각의 크기가 서로 같으므로
(각 ㄱㄴㄹ)=(각 ㄷㄴㄹ)=(각 ㄱㄴㄷ)÷2
=40°÷2=20°입니다.

11 승아네 모둠: 원의 모양은 같지만 크기가 다르므로 서로 합동인 블록만 사용하지 않았습니다.
재하네 모둠: 오각형과 육각형으로 모양이 다르므로 서로 합동인 블록만 사용하지 않았습니다.
따라서 서로 합동인 블록만 사용하여 작품을 완성한 모둠은 **나래네 모둠**입니다.

12 해설 **나침반** ✨
직사각형 ㄱㄴㄷㄹ의 가로와 세로의 길이를 구한 다음 (직사각형의 넓이)=(가로)×(세로)로 구합니다.

서로 합동인 두 도형에서 대응변의 길이가 서로 같으므로
(변 ㄱㄴ)=(변 ㅁㅇ)=4 cm입니다.
➡ (직사각형 ㄱㄴㄷㄹ의 넓이)=3×4=12 (cm²)

👾 **수해력**을 **완성**해요
86~87쪽

대표 응용 1 ㄹㅁ, 12, ㅁㅂ, 13 / 12, 13, 30
1-1 23 cm　　　　**1-2** 27 cm
1-3 7 cm　　　　**1-4** 4 cm

대표 응용 2 ㅁㅂㅅ, 70 / 70, 60, 120
2-1 120°　　　　**2-2** 80°
2-3 130°　　　　**2-4** 75°

1-1 서로 합동인 두 도형에서 대응변의 길이가 서로 같으므로
(변 ㅁㅂ)=(변 ㄱㄴ)=6 cm,
(변 ㅂㄹ)=(변 ㄴㄷ)=10 cm입니다.
➡ (삼각형 ㄹㅁㅂ의 둘레)=7+6+10=23 (cm)

1-2 서로 합동인 두 도형에서 대응변의 길이가 서로 같으므로
(변 ㅅㅇ)=(변 ㄱㄴ)=7 cm,
(변 ㅇㅁ)=(변 ㄴㄷ)=11 cm입니다.
➡ (사각형 ㅁㅂㅅㅇ의 둘레)=6+3+7+11
=27 (cm)

1-3 서로 합동인 두 도형에서 대응변의 길이가 서로 같으므로
(변 ㄱㄷ)=(변 ㄹㅂ)=5 cm입니다.
따라서 삼각형 ㄱㄴㄷ의 둘레가 20 cm이므로
(변 ㄱㄴ)=20-8-5=7 (cm)입니다.

1-4 서로 합동인 두 도형에서 대응변의 길이가 서로 같으므로
(변 ㄱㄹ)=(변 ㅇㅅ)=3 cm,
(변 ㄹㄷ)=(변 ㅅㅂ)=5 cm입니다.
따라서 사각형 ㄱㄴㄷㄹ의 둘레가 19 cm이므로
(변 ㄱㄴ)=19-7-5-3=4 (cm)입니다.

2-1 서로 합동인 두 도형에서 대응각의 크기가 서로 같으므로
(각 ㄱㄴㄷ)=(각 ㄹㅁㅂ)=35°입니다.
삼각형의 세 각의 크기의 합은 180°이므로
(각 ㄱㄷㄴ)=180°−25°−35°=120°입니다.

2-2 서로 합동인 두 도형에서 대응각의 크기가 서로 같으므로
(각 ㄴㄱㄹ)=(각 ㅅㅇㅁ)=90°,
(각 ㄱㄹㄷ)=(각 ㅇㅁㅂ)=125°입니다.
사각형의 네 각의 크기의 합은 360°이므로
(각 ㄱㄴㄷ)=360°−90°−125°−65°=80°입니다.

2-3 서로 합동인 두 도형에서 대응각의 크기가 서로 같으므로
(각 ㅂㅁㅇ)=(각 ㄱㄹㄷ)=105°,
(각 ㅇㅅㅂ)=(각 ㄷㄴㄱ)=80°입니다.
사각형의 네 각의 크기의 합은 360°이므로
(각 ㅁㅇㅅ)=360°−105°−45°−80°=130°입니다.

2-4 서로 합동인 두 도형에서 대응각의 크기가 서로 같으므로
(각 ㄹㅁㅂ)=(각 ㄷㄱㄴ)=30°입니다.
삼각형의 세 각의 크기의 합은 180°이므로
(각 ㅁㄹㅂ)+(각 ㅁㅂㄹ)=180°−30°=150°입니다.
따라서 삼각형 ㄹㅁㅂ은 이등변삼각형이므로
(각 ㅁㄹㅂ)=(각 ㅁㅂㄹ)=150°÷2=75°입니다.

2. 선대칭도형과 그 성질

수해력을 확인해요

90~93쪽

01 (○) (　　)　　　05 (○) (　　)
02 (○) (　　)　　　06 (　　) (○)
03 (　　) (○)　　　07 (○) (　　)
04 (　　) (○)　　　08 (　　) (○)
　　　　　　　　　　　09 (○) (　　)

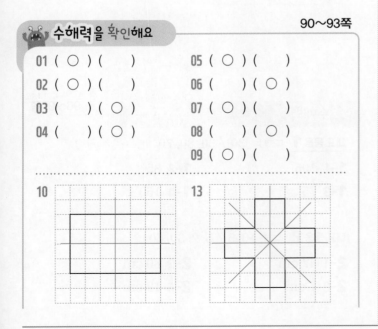

17 점 ㄷ, 변 ㄱㅂ, 각 ㄷㄹㅁ　　19 (위에서부터) 4, 80
18 점 ㅅ, 변 ㅂㅁ, 각 ㄱㄴㄷ　　20 (왼쪽에서부터) 6, 150
　　　　　　　　　　　　　　　21 (왼쪽에서부터) 35, 13, 10

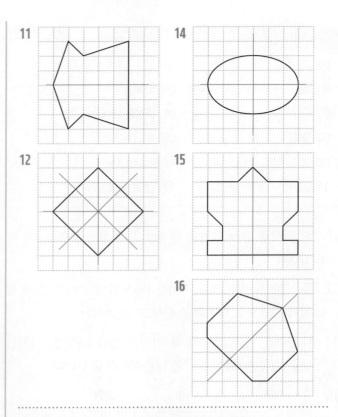

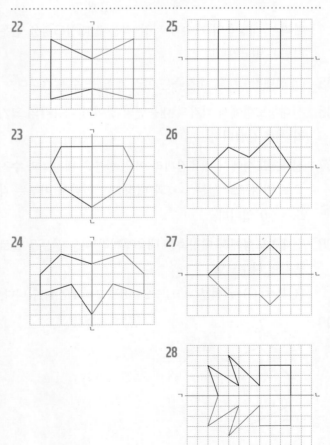

🐮 수해력을 높여요

01 ②, ③	02 ( ) (○) ( )
03 점 ㄷ, 변 ㄱㅇ, 각 ㄹㅁㅂ	04 민국
05 ③	06 (위에서부터) 5, 35
07 90°	08 4 cm
09 풀이 참조	10 20 cm
11 110°	12 풀이 참조, 포

01 한 직선을 따라 접었을 때 완전히 겹치는 도형은 ②, ③ 입니다.

02 두 번째 도형은 그린 직선을 따라 접었을 때 완전히 겹치지 않으므로 대칭축을 잘못 그렸습니다.

03 대칭축을 따라 접었을 때 겹치는 점을 대응점, 겹치는 변을 대응변, 겹치는 각을 대응각이라고 합니다.

04

민국   수현   정원

1개   2개   2개

따라서 대칭축의 개수가 가장 적은 선대칭도형을 만든 사람은 민국입니다.

05 ③ 선대칭도형의 대칭축은 여러 개 있을 수 있습니다.

06 선대칭도형에서 각각의 대응변의 길이와 대응각의 크기가 서로 같습니다.

07 선대칭도형에서 대응점끼리 이은 선분은 대칭축과 수직으로 만나므로 선분 ㄴㅇ과 대칭축이 만나서 이루는 각도는 90°입니다.

08 선대칭도형에서 대칭축은 대응점끼리 이은 선분을 둘로 똑같이 나누므로
(선분 ㄹㅁ)=(선분 ㄹㅂ)÷2=8÷2=4(cm)입니다.

09

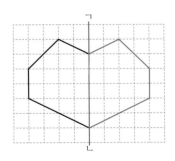

10 선대칭도형에서 대응변의 길이가 서로 같으므로
(변 ㄱㄴ)=(변 ㄱㅂ)=2 cm,
(변 ㄷㄹ)=(변 ㅁㄹ)=3 cm,
(변 ㅁㅂ)=(변 ㄷㄴ)=5 cm입니다.
➡ (선대칭도형의 둘레)=2+5+3+3+5+2
               =20(cm)

해설 플러스 👑

선대칭도형은 대칭축을 중심으로 양쪽의 모양이 같으므로 선대칭도형의 둘레는 한쪽 도형의 변의 길이의 합의 2배로 구할 수도 있습니다.

11 ### 해설 나침반 ✨

색종이를 접어서 만든 도형은 선대칭도형입니다.

선대칭도형은 대칭축을 따라 접었을 때 완전히 겹치므로 (각 ㄴㄱㅋ)=30°×2=60°입니다.
선대칭도형에서 대응각의 크기가 서로 같으므로
(각 ㄷㄹㅁ)=(각 ㅊㅈㅇ)=50°입니다.
➡ (각 ㄴㄱㅋ)+(각 ㄷㄹㅁ)=60°+50°=110°

12

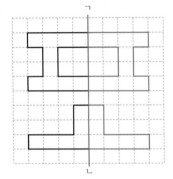

🐮 수해력을 완성해요

대표 응용 1 ㄷㄱㄴ, 30 / 30, 80, 70

1-1 105°	**1-2** 85°
1-3 75°	**1-4** 160°

대표 응용 2 ㄴㄹ, 10, 5 / 5, 2, 30, 60

2-1 42 cm²	**2-2** 80 cm²
2-3 7 cm	**2-4** 12 cm

1-1 선대칭도형에서 대응각의 크기가 서로 같으므로
(각 ㄴㄹㄷ)=(각 ㄴㄹㄱ)=25°입니다.
삼각형 ㄴㄷㄹ의 세 각의 크기의 합은 180°이므로
(각 ㄴㄷㄹ)=180°−50°−25°=105°입니다.

1-2 선대칭도형에서 대응각의 크기가 서로 같으므로
(각 ㄴㄱㄹ)=(각 ㅂㄱㄹ)=100°입니다.
선대칭도형에서 대응점끼리 이은 선분은 대칭축과 수직
으로 만나므로 (각 ㄱㄹㄷ)=90°입니다.
사각형 ㄱㄴㄷㄹ의 네 각의 크기의 합은 360°이므로
(각 ㄱㄴㄷ)=360°−100°−85°−90°=85°입니다.

1-3 직선이 이루는 각은 180°이므로
(각 ㄹㄱㄷ)=180°−135°=45°입니다.
선대칭도형에서 대응각의 크기가 서로 같으므로
(각 ㄱㄷㄹ)=(각 ㄱㄷㄴ)=60°입니다.
삼각형 ㄱㄷㄹ의 세 각의 크기의 합은 180°이므로
(각 ㄱㄹㄷ)=180°−45°−60°=75°입니다.

1-4 직선이 이루는 각은 180°이므로
(각 ㄱㄹㅁ)=180°−115°=65°입니다.
선대칭도형에서 대응각의 크기가 서로 같으므로
(각 ㅂㄹㅁ)=(각 ㄴㄷㄹ)=80°입니다.
사각형 ㄱㄹㅁㅂ의 네 각의 크기의 합은 360°이므로
(각 ㄱㅂㅁ)=360°−55°−65°−80°=160°입니다.

2-1 선대칭도형에서 대칭축은 대응점끼리 이은 선분을 둘로
똑같이 나누므로
(선분 ㄱㅁ)=(선분 ㄱㄷ)÷2=6÷2=3 (cm)입니다.
➡ (사각형 ㄱㄴㄷㄹ의 넓이)
= (삼각형 ㄱㄴㄹ의 넓이)×2
= (14×3÷2)×2
= 21×2=42 (cm²)

2-2 선대칭도형을 완성하면 다음과 같습니다.

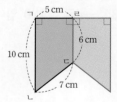

완성한 선대칭도형의 넓이는 사다리꼴 ㄱㄴㄷㄹ의 넓이
의 2배입니다.

➡ (완성한 선대칭도형의 넓이)
= (사다리꼴 ㄱㄴㄷㄹ의 넓이)×2
= ((10+6)×5÷2)×2
= 40×2=80 (cm²)

2-3 선대칭도형에서 대칭축은 대응점끼리 이은 선분을 둘로
똑같이 나누므로
(선분 ㄱㄷ)=(선분 ㄹㄷ)×2=4×2=8 (cm)입니다.
삼각형 ㄱㄴㄷ의 넓이가 28 cm²이므로
선분 ㄹㄴ을 □ cm라 하면
8×□÷2=28, 8×□=56, □=7입니다.
따라서 선분 ㄹㄴ은 7 cm입니다.

2-4 해설 나침반
사각형 ㄱㄴㄷㄹ의 넓이는 삼각형 ㄱㄴㄷ의 넓이의 2배입니다.

(삼각형 ㄱㄴㄷ의 넓이)
= (사각형 ㄱㄴㄷㄹ의 넓이)÷2
= 96÷2=48 (cm²)
선분 ㄴㅁ을 □ cm라 하면
16×□÷2=48, 16×□=96, □=6입니다.
선대칭도형에서 대칭축은 대응점끼리 이은 선분을 둘로
똑같이 나누므로
(선분 ㄴㄹ)=(선분 ㄴㅁ)×2=6×2=12 (cm)입니다.

3. 점대칭도형과 그 성질

수해력을 확인해요

100~103쪽

01 (○) (   )   05 (○) (   )
02 (   ) (○)   06 (   ) (○)
03 (○) (   )   07 (   ) (○)
04 (○) (   )   08 (○) (   )
                     09 (   ) (○)

10   13

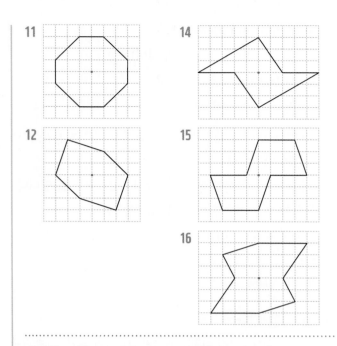

11

14

12

15

16

17 점 ㄹ, 변 ㅁㅂ, 각 ㄷㄹㅁ
18 점 ㄱ, 변 ㅅㅈ, 각 ㄹㅁㅂ
19 (왼쪽에서부터) 3, 70
20 (위에서부터) 150, 6
21 (왼쪽에서부터) 7, 55

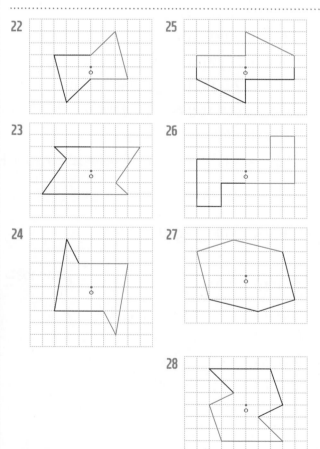

22

25

23

26

24

27

28

01 ④, ⑤	02 4개
03 풀이 참조	04 ②
05 5 cm	06 85°
07 16 cm	08 120°
09 풀이 참조	10 7 cm
11 풀이 참조	12 이스라엘, 자메이카

01 어떤 점을 중심으로 180° 돌렸을 때 처음 도형과 완전히 겹치는 도형은 ④, ⑤입니다.

02 어떤 점을 중심으로 180° 돌렸을 때 처음 알파벳과 완전히 겹치는 알파벳을 찾습니다.

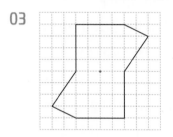

N I O S → 4개

03

04 ② 점 ㄱ의 대응점은 점 ㄷ입니다.

05 점대칭도형에서 대응변의 길이가 서로 같으므로
(변 ㄴㄷ)=(변 ㅁㅂ)=5 cm입니다.

06 점대칭도형에서 대응각의 크기가 서로 같으므로
(각 ㅂㅁㄹ)=(각 ㄷㄴㄱ)=85°입니다.

07 점대칭도형에서 대칭의 중심은 대응점끼리 이은 선분을 둘로 똑같이 나누므로
(선분 ㄱㄹ)=(선분 ㄱㅇ)×2=8×2=16 (cm)입니다.

08 점대칭도형에서 대응각의 크기가 서로 같으므로
(각 ㄴㄷㄹ)=(각 ㅁㅂㄱ)=135°입니다.
사각형 ㄱㄴㄷㄹ의 네 각의 크기의 합은 360°이므로
(각 ㄱㄴㄷ)=360°−60°−135°−45°=120°입니다.

09

10 (선분 ㅂㄷ)=20−6=14(cm)

점대칭도형에서 대칭의 중심은 대응점끼리 이은 선분을 둘로 똑같이 나누므로

(선분 ㅂㅇ)=(선분 ㅂㄷ)÷2=14÷2=7(cm)입니다.

11

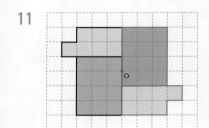

12 • 선대칭도형인 국기: 캐나다, 이스라엘, 자메이카

• 점대칭도형인 국기: 이스라엘, 자메이카

➡ 선대칭도형이면서 점대칭도형인 국기:

이스라엘, 자메이카

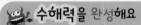

수해력을 완성해요   106~107쪽

대표 응용 1 ㄹㅁ, 8, ㅂㄱ, 13, ㄴㄷ, 5 / 13, 5, 13, 52

1-1 30 cm   **1-2** 52 cm

1-3 4 cm   **1-4** 8 cm

- -

대표 응용 2 풀이 참조 / 7, 4 / 7, 4, 28

2-1 24 cm²   **2-2** 32 cm²

2-3 72 cm²   **2-4** 24 cm²

1-1 점대칭도형에서 대응변의 길이가 서로 같으므로

(변 ㄱㄴ)=(변 ㄹㅁ)=4 cm,

(변 ㄷㄹ)=(변 ㅂㄱ)=8 cm,

(변 ㅁㅂ)=(변 ㄴㄷ)=3 cm입니다.

➡ (점대칭도형의 둘레)=4+3+8+4+3+8

=30(cm)

1-2 점대칭도형을 완성하면 다음과 같습니다.

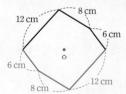

➡ (완성한 점대칭도형의 둘레)

=12+8+6+12+8+6=52(cm)

1-3 점대칭도형에서 대응변의 길이가 서로 같으므로

(변 ㄷㄹ)=(변 ㅂㄱ)=10 cm,

(변 ㅁㅂ)=(변 ㄴㄷ)=7 cm입니다.

➡ (변 ㄱㄴ)=(변 ㄹㅁ)

=(42−7−10−7−10)÷2

=8÷2=4(cm)

1-4 점대칭도형을 완성하면 다음과 같습니다.

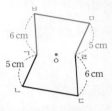

➡ (변 ㄴㄷ)=(변 ㅁㅂ)

=(38−5−6−5−6)÷2

=16÷2=8(cm)

2 [1단계]

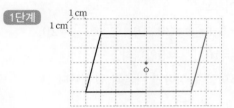

2-1

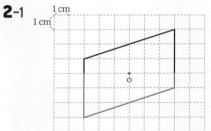

완성한 점대칭도형은 밑변의 길이가 4 cm, 높이가 6 cm인 평행사변형입니다.

➡ (완성한 점대칭도형의 넓이)=4×6=24(cm²)

2-2

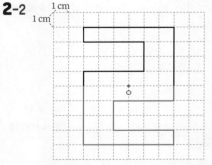

완성한 점대칭도형은 넓이가 1 cm²인 모눈 32칸이므로 넓이는 32 cm²입니다.

2-3

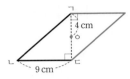

점대칭도형에서 대칭의 중심은 대응점끼리 이은 선분을 둘로 똑같이 나누므로

(선분 ㄱㄷ)＝(선분 ㄱㅇ)×2＝4×2＝8(cm)입니다.

완성한 점대칭도형은 밑변의 길이가 9 cm, 높이가 4×2＝8(cm)인 평행사변형입니다.

➡ (완성한 점대칭도형의 넓이)＝9×8＝72(cm²)

해설 플러스 👑

점대칭도형은 대칭의 중심을 중심으로 양쪽의 넓이가 같으므로 점대칭도형의 넓이는 한쪽 도형의 넓이의 2배로 구할 수도 있습니다.

2-4 변 ㄱㄴ을 □cm라 하면 완성한 점대칭도형의 둘레가 20 cm이므로

5＋□＋5＋□＝20, 10＋□＋□＝20,
□＋□＝10, □＝5입니다.

점대칭도형을 완성하면 다음과 같습니다.

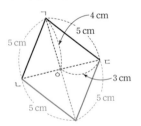

완성한 점대칭도형은 네 변의 길이가 모두 같은 마름모입니다.

점대칭도형에서 대칭의 중심은 대응점끼리 이은 선분을 둘로 똑같이 나누므로 마름모의 두 대각선의 길이는 각각 3×2＝6(cm), 4×2＝8(cm)입니다.

➡ (완성한 점대칭도형의 넓이)＝6×8÷2＝24(cm²)

🧙 수해력을 확장해요   108~109쪽

활동 1 같습니다에 ○표, 합동

활동 2 같습니다에 ○표, 합동

---

03 단원

직육면체

1. 직육면체와 정육면체

🐸 수해력을 확인해요   115쪽

01 (　)(○) 05 (○)(　)
02 (○)(　) 06 (　)(○)
03 (　)(○) 07 (○)(　)
04 (○)(　) 08 (　)(○)

👹 수해력을 높여요   116~117쪽

01 가, 다, 마, 바   02 바
03 (위에서부터) 꼭짓점, 면, 모서리
04 3개, 9개, 7개   05 (위에서부터) 10, 8
06 직사각형, 6, 12, 8   07 ②
08 28 cm   09 ㉡, ㉣
10 다, 가   11 6 cm
12 6가지

01 직사각형 6개로 둘러싸인 도형은 가, 다, 마, 바입니다.

02 정사각형 6개로 둘러싸인 도형은 바입니다.

03 직육면체에서 선분으로 둘러싸인 부분을 면, 면과 면이 만나는 선분을 모서리, 모서리와 모서리가 만나는 점을 꼭짓점이라고 합니다.

04

보이는 면	보이는 모서리	보이는 꼭짓점
3개	9개	7개

05 직육면체에서 마주 보는 면끼리 서로 합동입니다.

06 직육면체의 면의 모양은 직사각형입니다.
직육면체의 면은 6개, 모서리는 12개, 꼭짓점은 8개입니다.

07 ② 정육면체의 모서리는 12개입니다.

08 정육면체는 모서리의 길이가 모두 같습니다.
따라서 면 ㄱㄴㄷㄹ의 네 변의 길이의 합은
$7 \times 4 = 28$ (cm)입니다.

09

도형	직육면체	정육면체
㉠ 면의 모양	직사각형	정사각형
㉡ 면의 수	6개	6개
㉢ 모서리의 길이	길이가 같을 수도 있고 다를 수도 있습니다.	모두 같습니다.
㉣ 꼭짓점의 수	8개	8개

따라서 직육면체와 정육면체의 공통점을 모두 찾아 기호를 쓰면 ㉡, ㉣입니다.

10 미주: 모양과 크기가 같은 면이 4개인 직육면체이므로 가로가 4 cm, 세로가 6 cm인 직사각형 모양의 면이 4개인 다입니다.
인하: 모든 면의 모양이 정사각형인 직육면체는 정육면체이므로 가입니다.

해설 플러스 👑
나는 모양과 크기가 같은 면이 2개씩 있습니다.

11 정육면체는 모서리의 길이가 모두 같습니다.
➡ (선분 ㄱㄴ) = $2 \times 3 = 6$ (cm)

12 직육면체는 직사각형 6개로 둘러싸여 있으므로 각 면에 서로 다른 색의 한지를 붙이려면 모두 6가지 색의 한지가 필요합니다.

🐱 **수해력을 완성해요**
118~119쪽

대표 응용 1 5, 9, 4 / 5, 9, 4, 84
1-1 88 cm   **1-2** 6
1-3 9   **1-4** 92 cm

대표 응용 2 같습니다에 ○표 / 12 / 72, 12, 6
2-1 8 cm   **2-2** 36 cm
2-3 121 cm²   **2-4** 12 cm

1-1 직육면체에는 길이가 각각 4 cm, 8 cm, 10 cm인 모서리가 4개씩 있습니다.
➡ (모든 모서리의 길이의 합)
$= (4 + 8 + 10) \times 4 = 88$ (cm)

1-2 직육면체에는 길이가 각각 14 cm, 6 cm, □ cm인 모서리가 4개씩 있습니다.
➡ $(14 + 6 + □) \times 4 = 104$, $20 + □ = 26$, $□ = 6$

1-3 직육면체에는 길이가 각각 □ cm, 30 cm, 5 cm인 모서리가 4개씩 있습니다.
➡ $(□ + 30 + 5) \times 4 = 176$, $□ + 35 = 44$, $□ = 9$

1-4 **해설 나침반** 🎇
끈을 12 cm씩, 10 cm씩, 7 cm씩 각각 몇 번 사용했는지 알아봅니다.

끈을 12 cm씩 2번, 10 cm씩 2번, 7 cm씩 4번 사용하고, 매듭으로 20 cm를 사용했습니다.
➡ (사용한 끈의 길이)
$= 12 \times 2 + 10 \times 2 + 7 \times 4 + 20$
$= 24 + 20 + 28 + 20 = 92$ (cm)

2-1 정육면체는 12개의 모서리의 길이가 모두 같습니다.
따라서 정육면체의 한 모서리의 길이는
$96 \div 12 = 8$ (cm)입니다.

2-2 정육면체는 12개의 모서리의 길이가 모두 같으므로 한 모서리의 길이는 $108 \div 12 = 9$ (cm)입니다.
따라서 색칠한 면의 둘레는 $9 \times 4 = 36$ (cm)입니다.

2-3 정육면체는 12개의 모서리의 길이가 모두 같으므로 한 모서리의 길이는 $132 \div 12 = 11$ (cm)입니다.
따라서 색칠한 면의 넓이는 $11 \times 11 = 121$ (cm²)입니다.

2-4 (직육면체의 모든 모서리의 길이의 합)
$= (15 + 8 + 13) \times 4 = 144$ (cm)
정육면체의 모든 모서리의 길이의 합도 144 cm이므로 한 모서리의 길이를 □ cm라 하면
$□ \times 12 = 144$, $□ = 12$입니다.
따라서 정육면체의 한 모서리의 길이는 12 cm입니다.

2. 직육면체의 성질과 겨냥도

123쪽

🦀 수해력을 확인해요

01 면 ㄴㅂㅁㄱ /
   면 ㄱㄴㄷㄹ, 면 ㄴㅂㅅㄷ,
   면 ㅁㅂㅅㅇ, 면 ㄱㅁㅇㄹ

02 면 ㄱㅁㅇㄹ /
   면 ㄱㄴㄷㄹ, 면 ㄷㅅㅇㄹ,
   면 ㅁㅂㅅㅇ, 면 ㄴㅂㅁㄱ

03 04 05

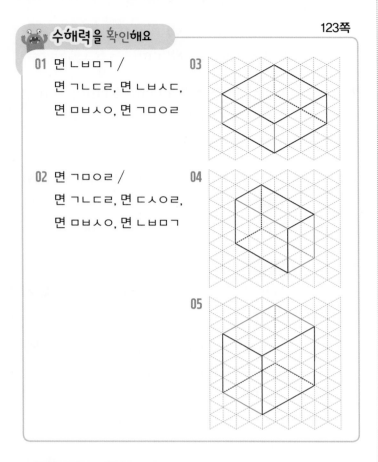

🐂 수해력을 높여요

124~125쪽

01 실선, 점선	02 면 ㄷㅅㅇㄹ
03 면 ㄱㄴㄷㄹ, 면 ㄴㅂㅅㄷ, 면 ㅁㅂㅅㅇ, 면 ㄱㅁㅇㄹ	
04 90°	05 점 ㅁ
06 4개	07 7
08 풀이 참조	09 1, 2, 5, 6
10 ㉡, ㉢, ㉠	11 84 cm
12 정표, 풀이 참조	

02 면 ㄴㅂㅁㄱ과 마주 보는 면은 면 ㄷㅅㅇㄹ입니다.

03 면 ㄴㅂㅁㄱ과 수직으로 만나는 면은 면 ㄱㄴㄷㄹ, 면 ㄴㅂㅅㄷ, 면 ㅁㅂㅅㅇ, 면 ㄱㅁㅇㄹ입니다.

04 직육면체에서 밑면과 옆면은 서로 수직으로 만나므로 면 ㅁㅂㅅㅇ과 면 ㄷㅅㅇㄹ이 만나서 이루는 각도는 90°입니다.

05 보이지 않는 꼭짓점은 점선으로 나타낸 모서리 3개가 만나는 점이므로 점 ㅁ입니다.

06 직육면체의 겨냥도에서 보이는 모서리는 실선으로 그려야 하므로 빠진 부분을 그릴 때 실선으로 그려야 하는 모서리는 4개입니다.

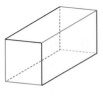

07 ㉠ 3, ㉡ 4 ➡ ㉠+㉡=3+4=7

08 직육면체의 겨냥도에서 보이는 모서리는 실선으로, 보이지 않는 모서리는 점선으로 그립니다.

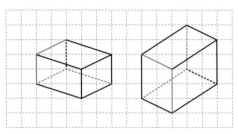

09 ### 해설 나침반

4의 눈이 그려진 면과 수직인 면은 평행한 면을 제외한 나머지 4개의 면입니다.

4의 눈이 그려진 면과 평행한 면의 눈의 수는 7−4=3입니다. 따라서 4의 눈이 그려진 면과 수직인 면의 눈의 수는 1, 2, 5, 6입니다.

10 ㉠ 3개, ㉡ 9개, ㉢ 7개 ➡ ㉡>㉢>㉠

11 '우체국 택배'라는 글자가 쓰여진 면과 평행한 면은 가로가 27 cm, 세로가 15 cm인 직사각형입니다.
   ➡ (평행한 면의 네 변의 길이의 합)
   =27+15+27+15=84 (cm)

12 이유 예 정표가 그린 겨냥도는 보이지 않는 모서리를 그리지 않았습니다.

🐂 수해력을 완성해요

126~127쪽

대표 응용 **1** ㅁㅂㅅㅇ / 6, 3 / 6, 3, 18

1-1 44 cm²	**1-2** 13
1-3 198 cm²	**1-4** 432 cm²

대표 응용 **2** 점선에 ○표 / 6, 8, 1 / 6, 8, 17

2-1 21 cm	**2-2** 96 cm
2-3 11 cm	**2-4** 60 cm

1-1 색칠한 면과 평행한 면은 면 ㄷㅅㅇㄹ입니다.
면 ㄷㅅㅇㄹ은 가로가 11 cm, 세로가 4 cm인 직사각형이므로 넓이는 $11 \times 4 = 44 \, (\text{cm}^2)$입니다.

1-2 색칠한 면과 평행한 면은 면 ㄴㅂㅅㄷ입니다.
면 ㄴㅂㅅㄷ의 가로가 □ cm이므로
$□ \times 6 = 78$, $□ = 13$입니다.

1-3 면 ㅁㅂㅅㅇ과 수직인 면은 면 ㄴㅂㅅㄷ, 면 ㄷㅅㅇㄹ, 면 ㄱㅁㅇㄹ, 면 ㄴㅂㅁㄱ입니다.
➡ (면 ㅁㅂㅅㅇ과 수직인 면들의 넓이의 합)
= (면 ㄴㅂㅅㄷ의 넓이) + (면 ㄷㅅㅇㄹ의 넓이)
   + (면 ㄱㅁㅇㄹ의 넓이) + (면 ㄴㅂㅁㄱ의 넓이)
= $4 \times 9 + 7 \times 9 + 4 \times 9 + 7 \times 9$
= $36 + 63 + 36 + 63 = 198 \, (\text{cm}^2)$

1-4 면 ㄷㅅㅇㄹ과 수직인 면은 면 ㄱㄴㄷㄹ, 면 ㄴㅂㅅㄷ, 면 ㅁㅂㅅㅇ, 면 ㄱㅁㅇㄹ입니다.
➡ (면 ㄷㅅㅇㄹ과 수직인 면들의 넓이의 합)
= (면 ㄱㄴㄷㄹ의 넓이) + (면 ㄴㅂㅅㄷ의 넓이)
   + (면 ㅁㅂㅅㅇ의 넓이) + (면 ㄱㅁㅇㄹ의 넓이)
= $12 \times 8 + 12 \times 10 + 12 \times 8 + 12 \times 10$
= $96 + 120 + 96 + 120 = 432 \, (\text{cm}^2)$

2-1 보이지 않는 모서리는 길이가 각각 7 cm, 10 cm, 4 cm인 모서리가 1개씩입니다.
➡ (보이지 않는 모서리의 길이의 합)
= $7 + 10 + 4 = 21 \, (\text{cm})$

2-2 보이는 모서리는 길이가 각각 10 cm, 9 cm, 13 cm인 모서리가 3개씩입니다.
➡ (보이는 모서리의 길이의 합)
= $(10 + 9 + 13) \times 3 = 96 \, (\text{cm})$

2-3 보이지 않는 모서리는 3개입니다.
따라서 정육면체는 모서리의 길이가 모두 같으므로 한 모서리의 길이는 $33 \div 3 = 11 \, (\text{cm})$입니다.

2-4 보이는 모서리는 9개이고 정육면체는 모서리의 길이가 모두 같으므로 한 모서리의 길이는 $45 \div 9 = 5 \, (\text{cm})$입니다. 따라서 정육면체의 모든 모서리의 길이의 합은 $5 \times 12 = 60 \, (\text{cm})$입니다.

3. 정육면체의 전개도

🦀 **수해력을 확인해요**

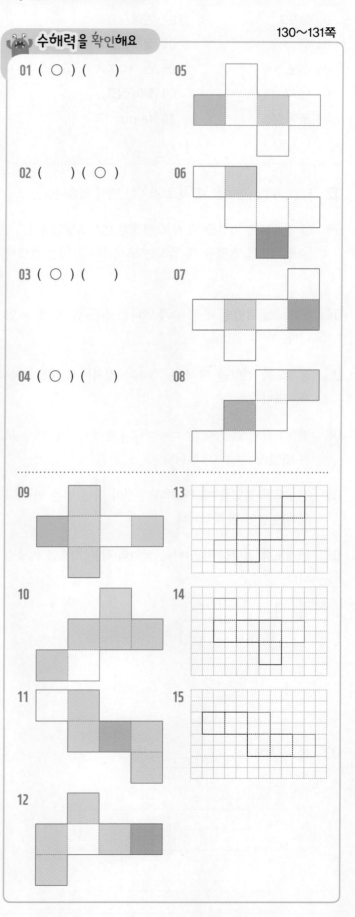

01 (○) ( )

02 ( ) (○)

03 (○) ( )

04 (○) ( )

01 전개도
02 민석
03 ㉢
04 점 ㅅ, 점 ㅈ
05 선분 ㅋㅌ
06 면 ㅋㅇㅈㅊ
07 면 다
08 풀이 참조
09 풀이 참조
10 48 cm
11 ( ) ( ) (○)
12 ㄱ

02 태형, 수빈: 접었을 때 서로 겹치는 면이 있습니다.

03 ㉠ 전개도를 접었을 때 서로 평행한 면은 3쌍입니다.
  ㉢ 전개도를 접었을 때 겹치는 모서리의 길이는 같습니다.

04 전개도를 접었을 때 점 ㄷ과 만나는 점은 점 ㅅ, 점 ㅈ입니다.

05 전개도를 접었을 때 선분 ㄱㅎ과 겹치는 선분은 선분 ㅋㅌ입니다.

06 전개도를 접었을 때 면 ㅍㄹㅁㅌ과 평행한 면은 마주 보는 면인 면 ㅋㅇㅈㅊ입니다.

07 전개도를 접었을 때 면 가와 수직이 아닌 면은 면 가와 평행한 면인 면 다입니다.

08 전개도를 접었을 때 만나는 점끼리 같은 기호를 써넣습니다.

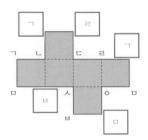

09 예
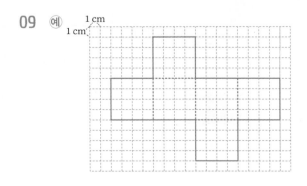

10 정육면체는 12개의 모서리의 길이가 모두 같습니다. 따라서 정육면체의 모든 모서리의 길이의 합은 $4 \times 12 = 48$ (cm)입니다.

11

첫 번째	두 번째	세 번째

12 ㄴ, ㄷ, ㄹ은 접었을 때 서로 겹치는 면이 있습니다.

대표 응용 1 만나는에 ○표 / 다, 라, 마, 다, 마, 바 / 다, 마
1-1 면 나, 면 바
1-2 면 나, 면 라
1-3 면 나, 면 라
1-4 면 다, 면 마

대표 응용 2 같습니다에 ○표 / 14 / 3, 14, 42
2-1 28 cm
2-2 56 cm
2-3 6 cm
2-4 10 cm

대표 응용 3 2, 5 / 4, 3 / 풀이 참조
3-1 풀이 참조
3-2 풀이 참조
3-3 풀이 참조
3-4 18

대표 응용 4 평행합니다에 ○표 / 마 / 마
4-1 면 다
4-2 풀이 참조
4-3 풀이 참조
4-4 풀이 참조

1-1 면 가와 수직인 면: 면 나, 면 다, 면 마, 면 바
  면 마와 수직인 면: 면 가, 면 나, 면 라, 면 바
  ➡ 면 가, 면 마와 동시에 수직인 면: 면 나, 면 바

1-2 면 다와 수직인 면: 면 가, 면 나, 면 라, 면 바
  면 바와 수직인 면: 면 나, 면 다, 면 라, 면 마
  ➡ 면 다, 면 바와 동시에 수직인 면: 면 나, 면 라

1-3 정육면체에서 밑면과 옆면은 서로 수직입니다.
  면 가와 수직인 면: 면 나, 면 다, 면 라, 면 마
  면 다와 수직인 면: 면 가, 면 나, 면 라, 면 바
  ➡ 면 가, 면 다와 동시에 수직인 면은 면 나, 면 라이므로 밑면은 면 나, 면 라입니다.

1-4 정육면체에서 밑면과 옆면은 서로 수직입니다.

면 나와 수직인 면: 면 가, 면 다, 면 라, 면 마

면 라와 수직인 면: 면 나, 면 다, 면 마, 면 바

➡ 면 나, 면 라와 동시에 수직인 면은 면 다, 면 마이므로 밑면은 면 다, 면 마입니다.

2-1 정육면체는 모서리의 길이가 모두 같으므로 정육면체의 전개도의 둘레는 한 모서리의 길이의 14배입니다.

➡ (정육면체의 전개도의 둘레)$=2 \times 14 = 28$ (cm)

해설 플러스 👑

정육면체의 전개도는 여러 가지로 그릴 수 있지만 정육면체의 전개도의 둘레는 항상 한 모서리의 길이의 14배입니다.

2-2 정육면체는 모서리의 길이가 모두 같으므로 한 모서리의 길이는 $12 \div 3 = 4$ (cm)이고, 정육면체의 전개도의 둘레는 한 모서리의 길이의 14배입니다.

➡ (정육면체의 전개도의 둘레)$=4 \times 14 = 56$ (cm)

2-3 정육면체는 모서리의 길이가 모두 같으므로 정육면체의 전개도의 둘레는 한 모서리의 길이의 14배입니다.

➡ (정육면체의 한 모서리의 길이)$=84 \div 14 = 6$ (cm)

2-4 정육면체는 모서리의 길이가 모두 같고 정육면체의 전개도의 둘레는 한 모서리의 길이의 14배이므로 정육면체의 한 모서리의 길이는 $70 \div 14 = 5$ (cm)입니다.

따라서 선분 ㄱㄴ은 $5 \times 2 = 10$ (cm)입니다.

3 `3단계`

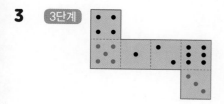

3-1

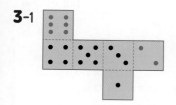

1의 눈과 6의 눈, 5의 눈과 2의 눈이 마주 보도록 그립니다.

3-2

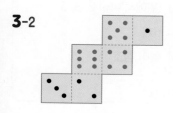

1의 눈과 6의 눈, 2의 눈과 5의 눈, 3의 눈과 4의 눈이 마주 보도록 그립니다.

3-3

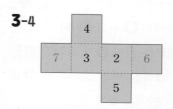

마주 보는 면의 눈의 수의 합은 $5+2=7$입니다.

4의 눈과 3의 눈, 6의 눈과 1의 눈이 마주 보도록 그립니다.

3-4

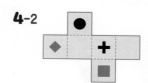

마주 보는 면의 수의 합은 $4+5=9$입니다.

2가 쓰여진 면과 마주 보는 면에는 7, 3이 쓰여진 면과 마주 보는 면에는 6을 씁니다.

따라서 2가 쓰여진 면과 수직인 면들의 수는 4, 3, 6, 5이므로 수의 합은 $4+3+6+5=18$입니다.

4-1 왼쪽 정육면체의 전개도에서 ●와 ■가 그려진 면은 서로 평행합니다.

오른쪽 정육면체의 전개도를 접었을 때 ■가 그려진 면과 평행한 면은 면 다입니다.

따라서 오른쪽 정육면체의 전개도에서 ●를 그려야 할 면은 면 다입니다.

4-2

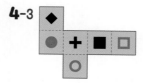

왼쪽 정육면체의 전개도에서 ◆와 ✚, ■와 ●가 그려진 면은 각각 서로 평행합니다.

따라서 오른쪽 정육면체의 전개도에 ●가 그려진 면과 평행한 면에는 ■, ✚가 그려진 면과 평행한 면에는 ◆를 그립니다.

4-3

왼쪽 정육면체의 전개도에서 ●와 ■, ◆와 ○, □와 ✚가 그려진 면은 각각 서로 평행합니다.

따라서 오른쪽 정육면체의 전개도에서 ◆가 그려진 면과 평행한 면에는 ○, ✚가 그려진 면과 평행한 면에는 □, ■가 그려진 면과 평행한 면에는 ●를 그립니다.

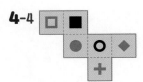

4-4

왼쪽 정육면체의 전개도에서 ☐와 〇, ✚와 ■, ●와 ◆가 그려진 면은 각각 서로 평행하므로 오른쪽 정육면체의 전개도에 ■가 그려진 면과 평행한 면에는 ✚, 〇가 그려진 면과 평행한 면에는 ☐를 그립니다.

이때 왼쪽 정육면체의 전개도를 접어 〇가 그려진 면을 바닥에 놓으면 ●는 ✚가 그려진 면의 오른쪽에 있고 ●가 그려진 면과 마주 보는 면에는 ◆가 있습니다.

4. 직육면체의 전개도

수해력을 확인해요

140~141쪽

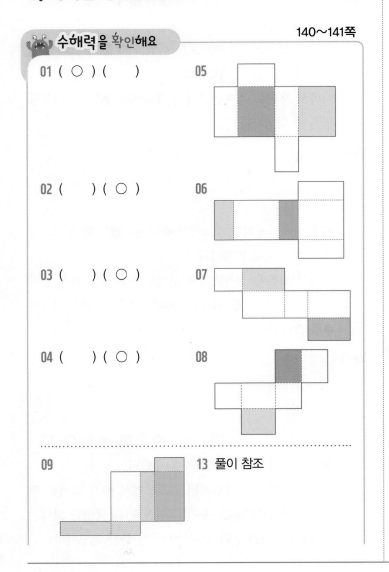

01 (〇) (   )

02 (   ) (〇)

03 (   ) (〇)

04 (   ) (〇)

05

06

07

08

09

13 풀이 참조

10

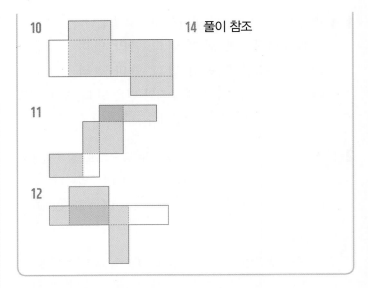

14 풀이 참조

11

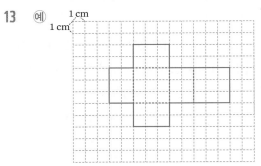

12

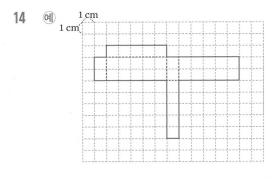

13 예 1 cm / 1 cm

14 예 1 cm / 1 cm

수해력을 높여요

142~143쪽

01 (   ) (〇) (   ) 02 점 ㅋ

03 선분 ㄹㄷ

04 면 ㄱㄴㅍㅎ, 면 ㅍㄹㅁㅌ, 면 ㅋㅇㅈㅊ, 면 ㅁㅂㅅㅇ

05 풀이 참조   06 (위에서부터) 2, 8, 5

07 ④   08 6개

09 (   ) (〇) (   ) 10 풀이 참조

11 116 cm   12 ㉠, ㉢, ㉺

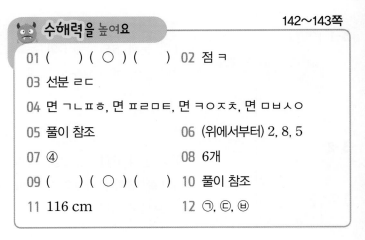

01 첫 번째 전개도는 면이 5개이고, 세 번째 전개도는 접었을 때 겹치는 모서리의 길이가 다릅니다.

02 전개도를 접었을 때 점 ㄱ과 만나는 점은 점 ㅋ입니다.

03 전개도를 접었을 때 선분 ㅂㅅ과 겹치는 선분은 선분 ㄹㄷ입니다.

04 전개도를 접었을 때 면 ㄴㄷㄹㅍ과 수직인 면은 만나는 면이므로 면 ㄱㄴㅍㅎ, 면 ㅍㄹㅁㅌ, 면 ㅋㅇㅈㅊ, 면 ㅁㅂㅅㅇ입니다.

05
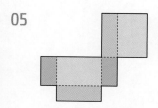

06 전개도를 접었을 때 겹치는 선분은 길이가 같습니다.

07 ①, ②, ③, ⑤ 서로 수직인 면입니다.
④ 서로 평행한 면입니다.

08
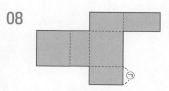

㉠과 길이가 같은 모서리는 빨간색 모서리이므로 모두 6개입니다.

09 전개도를 접었을 때 만들어지는 직육면체의 길이가 다른 세 모서리의 길이는 각각 3 cm, 2 cm, 4 cm입니다.

10 예
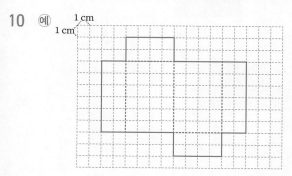

11
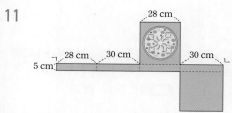

➡ (선분 ㄱㄴ)=28+30+28+30=116 (cm)

12 직육면체의 전개도를 그리기 위해서는
면 ㉠(가로 7 cm, 세로 10 cm인 면)이 2개,
면 ㉢(가로 7 cm, 세로 20 cm인 면)이 2개,
면 ㉤(가로 10 cm, 세로 20 cm인 면)이 2개 필요합니다.

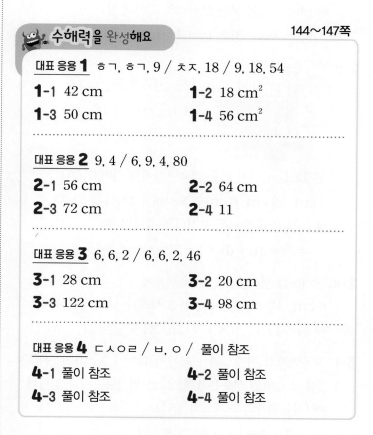

🔹 **수해력을 완성해요**

대표 응용 1 ㅎㄱ, ㅎㄱ, 9 / ㅊㅈ, 18 / 9, 18, 54
1-1 42 cm   **1-2** 18 cm²
1-3 50 cm   **1-4** 56 cm²

대표 응용 2 9, 4 / 6, 9, 4, 80
2-1 56 cm   **2-2** 64 cm
2-3 72 cm   **2-4** 11

대표 응용 3 6, 6, 2 / 6, 6, 2, 46
3-1 28 cm   **3-2** 20 cm
3-3 122 cm   **3-4** 98 cm

대표 응용 4 ㄷㅅㅇㄹ / ㅂ, ㅇ / 풀이 참조
4-1 풀이 참조   **4-2** 풀이 참조
4-3 풀이 참조   **4-4** 풀이 참조

1-1 (선분 ㄱㅎ)=(선분 ㅍㅎ)=(선분 ㅌㅋ)=10 cm,
(선분 ㄱㄴ)=(선분 ㅈㅇ)=11 cm
➡ (색칠한 면의 둘레)=(10+11)×2=42 (cm)

1-2 색칠한 면은 가로가 6 cm, 세로가 3 cm인 직사각형입니다.
➡ (색칠한 면의 넓이)=6×3=18 (cm²)

1-3 색칠한 면은 가로가 7+13=20 (cm), 세로가 5 cm인 직사각형입니다.
➡ (색칠한 면의 둘레)=(20+5)×2=50 (cm)

1-4 색칠한 면은 가로가 2+5+2+5=14 (cm), 세로가 4 cm인 직사각형입니다.
➡ (색칠한 면의 넓이)=14×4=56 (cm²)

2-1 전개도를 접어서 만든 직육면체에는 길이가 각각
7 cm, 4 cm, 3 cm인 모서리가 4개씩 있습니다.
➡ (직육면체의 모든 모서리의 길이의 합)
$$=(7+4+3)\times4=56\,(cm)$$

2-2 전개도를 접어서 만든 직육면체에는 길이가 각각
5 cm, 3 cm, $13-5=8$ (cm)인 모서리가 4개씩 있습니다.
➡ (직육면체의 모든 모서리의 길이의 합)
$$=(5+3+8)\times4=64\,(cm)$$

2-3

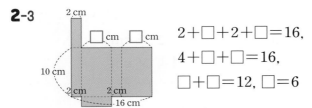

$$2+\square+2+\square=16,$$
$$4+\square+\square=16,$$
$$\square+\square=12, \square=6$$

전개도를 접어서 만든 직육면체에는 길이가 각각
2 cm, 10 cm, 6 cm인 모서리가 4개씩 있습니다.
➡ (직육면체의 모든 모서리의 길이의 합)
$$=(2+10+6)\times4=72\,(cm)$$

2-4 전개도를 접어서 만든 직육면체에는 길이가 각각
6 cm, 17 cm, $\square$ cm인 모서리가 4개씩 있습니다.
➡ $(6+17+\square)\times4=136, 23+\square=34, \square=11$

3-1 직육면체의 전개도의 둘레에서 길이가 3 cm인 선분은
4개, 1 cm인 선분은 4개, 2 cm인 선분은 6개입니다.
➡ (직육면체의 전개도의 둘레)
$$=3\times4+1\times4+2\times6$$
$$=12+4+12=28\,(cm)$$

3-2 직육면체의 전개도에서 점선으로 나타낸 선분은 길이가
6 cm인 선분이 1개, 3 cm인 선분이 2개, 4 cm인 선분이 2개입니다.
➡ (전개도에서 점선으로 나타낸 선분의 길이의 합)
$$=6\times1+3\times2+4\times2$$
$$=6+6+8=20\,(cm)$$

3-3 직육면체의 전개도의 둘레에서 길이가 7 cm인 선분은
6개, 9 cm인 선분은 4개, 11 cm인 선분은 4개입니다.
➡ (직육면체의 전개도의 둘레)
$$=7\times6+9\times4+11\times4$$
$$=42+36+44=122\,(cm)$$

3-4 보이지 않는 두 모서리의 길이가 각각 10 cm, 4 cm
이므로 나머지 한 모서리의 길이는
$19-10-4=5$ (cm)입니다.
직육면체의 전개도의 둘레에서 길이가 5 cm인 선분은
6개, 10 cm인 선분은 6개, 4 cm인 선분은 2개입니다.
➡ (직육면체의 전개도의 둘레)
$$=5\times6+10\times6+4\times2$$
$$=30+60+8=98\,(cm)$$

4 [3단계]

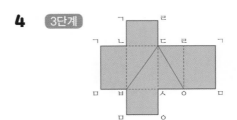

4-1

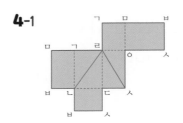

4-2

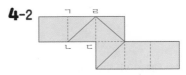

4-3

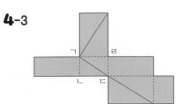

4-4

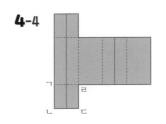

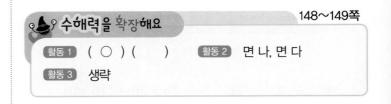

수해력을 확장해요   148~149쪽

활동 1 (○) (   )   활동 2 면 나, 면 다

활동 3 생략

초등 **수해력** 5단계

수·연산   도형·측정

EBS

'초등 수해력'과 함께하면
다음 학년 수학이 쉬워지는 이유

1 기초부터 응용까지 체계적으로 구성된
문제 해결 능력을 키우는 단계별 문항 체제

2 학교 선생님들이 모여 교육과정을 기반으로
학습자가 걸려 넘어지기 쉬운 내용 요소 선별

3 모든 수학 개념을 이전에 배운 개념과 연결하여
새로운 개념으로 확장 학습 할 수 있도록 구성

정답과 풀이

권장 학년		예비 초등	초등 1학년	초등 2학년	초등 3학년	초등 4학년	초등 5학년	초등 6학년
수·연산			1단계	2단계	3단계	4단계	5단계	6단계
도형·측정			1단계	2단계	3단계	4단계	5단계	6단계

EBS 초등 수해력 시리즈

권장 학년	예비 초등	초등 1학년	초등 2학년	초등 3학년	초등 4학년	초등 5학년	초등 6학년
수·연산	P단계	1단계	2단계	3단계	4단계	5단계	6단계
도형·측정	P단계	1단계	2단계	3단계	4단계	5단계	6단계

02
단원

📩 109쪽에 사용하세요.

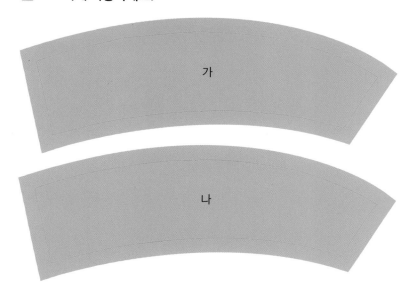

가

나

📩 109쪽에 사용하세요.

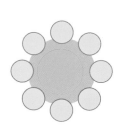

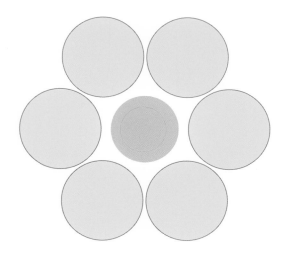

149쪽에 사용하세요.